(연구결과 활용을 위한)

원예 · 특용작물 기술정보 (14)

농촌진흥청
국립원예특작과학원

목 차

《 요 약 》

< 채 소 >

○ 시설환경관리는 작물 생육과 온도관리, 한파 대비 시설하우스 관리 등

○ 잎들깨는 인공광 활용 재배기술, 수확 및 신선도 관리, 영농활용 1건, 보도자료 1건

○ 참외는 접목 방법 및 관리 요령 등

< 과 수 >

○ 사과는 수확 및 저장, 월동전 과수원 관리, 연구동향 1건, 보도자료 1건

○ 배는 저장고 관리, 밑거름 주기, 토양 물리성 개선

○ 복숭아는 밑거름(기비)주기, 토양수분 관리, 가을철 묘목 심기

○ 포도는 수확 후 포도원 관리, 밑거름 주기, 휴면기, 가을철 묘목 심기, 영농활용 1건

○ 감귤은 생리생태, 완숙과 구분 수확, 예조처리, 수확 후 저장, 시설만감류 환경 관리, 보도자료 1건, 영농활용 1건

○ 단감은 만생종 수확, 저온장해 방지기술, 저온 저장고의 온도관리, 영농활용 1건

< 화훼 >

○ 국화는 직삽 재배기술, 영농활용 1건

○ 장미는 장식 소재로의 이용(건조화, 보존화, 염색화) 등

< 특용작물 >

○ 인삼은 개갑촉진 및 보관, 모밭의 해가림 설치, 본밭 해가림 시설 관리, 보도자료 1건

○ 황기는 수확 및 조제(시기, 방법, 건조 및 저장, 절단), 영농활용 1건

○ 지황은 수확 및 조제(시기, 1차 가공 및 저장), 주요 성분 및 효능, 영농활용 2건

○ 마(산약)는 수확 및 조제(시기, 생마 보관 방법), 영농활용 1건

○ 약용작물은 수확 및 저장(시호, 고본, 우슬, 식방풍, 백지, 천마), 보도자료 1건

○ 느타리버섯은 재배기술(배지 살균 및 후 발효, 종균접종, 환기관리), 보도자료 1건

< 주요 원예.특용작물 경영정보 >

○ 단감 수급 전망 및 동향, 수익성 등

○ 주요 작물 가격 동향은 10월 15일 기준임

Ⅰ. 채 소

1. 시설환경관리

❑ 작물의 생육과 온도 관리

○ 온도와 광합성

- 작물은 대기로부터 흡수한 이산화탄소와 뿌리에서 흡수한 물을 이용하여 식물체 잎에서 햇빛을 받아 동화산물을 생성함
- 이 광합성 과정에서 생성된 동화산물은 전분 및 당으로 저장되고 식물체의 구성 물질로 이용됨
  · 이러한 작용은 재배 환경에 영향을 많이 받는데, 작물의 광합성량은 저온 조건보다 온도가 높아지면서 급격히 증가하고 고온이 되면 호흡이 왕성해져 감소하게 됨
- 광합성 속도가 가장 빠른 온도는 작물별, 빛 세기에 따라 차이가 있으나 토마토는 20~25℃, 오이는 23~28℃, 고추는 25~30℃로 광합성량이 높은 작물은 생육 적온도 높은 편임
  · 그러나 고온에서는 광합성량이 감소하며 장시간 고온 조건에 두면 고온에 의한 피해를 받아 회복할 수 없음
- 따라서 지나친 저온 및 고온은 장해를 유발하므로 시설 내 온도 관리는 매우 중요함

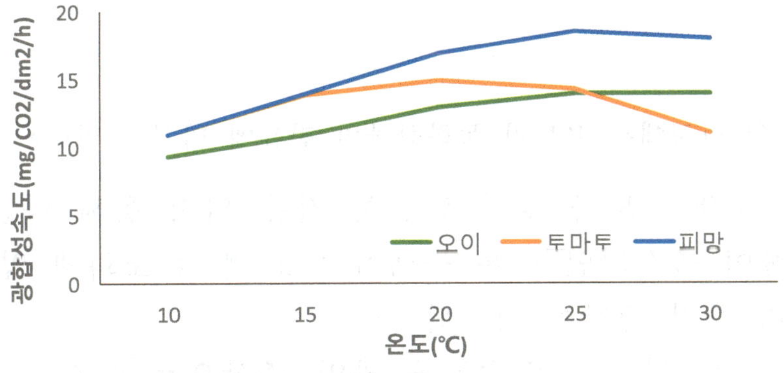

<온도에 따른 작물의 광합성 속도>

○ 온도와 광합성 산물의 전류

- 낮 동안 작물 잎에서 생성된 동화산물은 전분 형태로 존재하다가 당으로 바뀌어 체관을 통해 줄기, 뿌리, 과실 등 작물의 각 부위로 빠른 속도로 전류 됨
- 토마토에서는 광합성으로 생성된 동화산물이 낮 동안에 3분의 2가 전류 되고 나머지 3분의 1은 해진 후 4~5시간 동안 전류 됨
  · 이러한 동화산물의 전류는 야간 온도가 높을수록 빠르게 진행됨

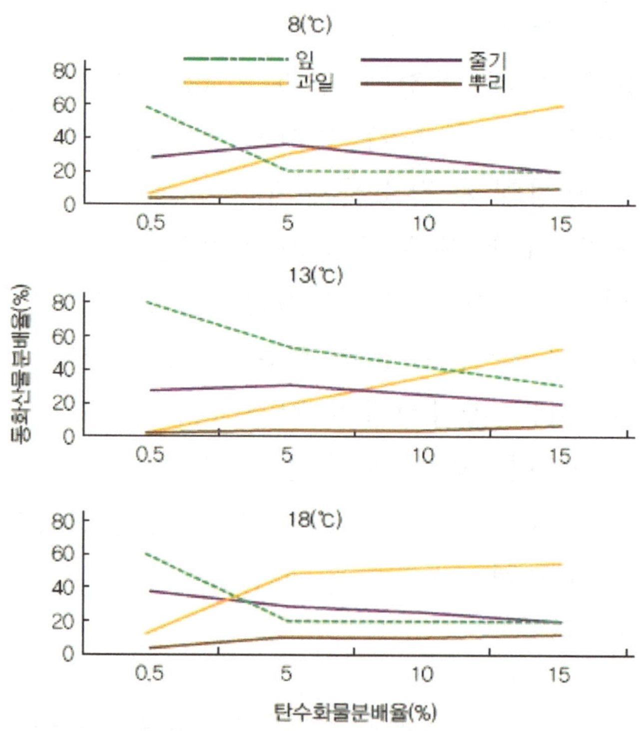

<토마토에서 온도가 동화산물의 전류에 미치는 영향>

- 반대로 야간 온도가 낮아 완전히 전류 되지 못해 다음 날 잎에 탄수화물이 축적되면 짙은 녹색이 되고 빨리 노화돼 잎의 활동이 저하되며 줄기 생장이 정지됨
  · 이런 현상은 일종의 탄수화물 과잉 증상으로 야간 온도가 낮고 저온 지속 시간이 길어질수록 많이 나타남

- 따라서 광합성이 이루어지는 주간에는 25℃ 전후로 관리하고 해진 후 4~5시간 동안 동화산물의 전류를 촉진 시키기 위해 오이는 15~16℃, 토마토는 12~13℃의 비교적 고온으로 유지하는 것이 좋음
  · 그 후부터는 호흡에 의한 양분 소모를 줄일 수 있도록 시설 내부 온도를 오이는 10℃, 토마토는 5~6℃로 관리하는 게 바람직함

○ 작물별 생육 적온
- 저온기에 시설재배에서 난방이나 보온이 제대로 되지 않으면 저온 장해를 받아 생장이 정지하고, 심하면 동사하게 됨
- 동해를 입지 않을 정도의 저온(0~10℃)이라 하더라도 작물 생육이 위축되고 숙기가 지연되며 비상품과 발생이 증가하는데 저온 지속 시간이 길어질수록 심해짐
  · 따라서 저온장해를 방지하기 위해서는 적정 온도로 관리하는 것이 필요함
- 저온 및 고온에 따른 피해는 육묘기, 꽃눈분화기, 개화기 전후에 가장 많음
- 오이는 저온·고온 시 어린잎이 피해를 가장 많이 보며 지속 시간이 길어지면 회복이 어려움
- 토마토는 꽃눈분화기 이전까지는 고온에 견디는 힘이 강하나 감수분열기(개화 전 8~10일)에 힘이 가장 약하고 35℃ 이상의 고온에 노출되면 꽃가루와 배가 정상적으로 발달하지 못하고 개화가 되지 않아 수정이 어려움

○ 지온의 영향
- 작물의 종류에 따라 차이는 있지만 작물 생육에 적합한 지온은 15~20℃ 범위이며 30℃ 이상에서 뿌리털의 발생이 억제되고 뿌리의 호흡이 왕성해져 동화산물의 소모가 많아지므로 최고 한계 지온은 25℃임

- 지온이 너무 낮으면 뿌리의 생장과 활력이 떨어져 양·수분 흡수가 억제되어 무기 양분 중에서 인산은 13℃ 이하가 되면 흡수가 극히 떨어져 인산 결핍증이 나타나는데 토마토에서 잎과 줄기에 안토시아닌 색소가 나타나 짙은 자색을 띠게 됨

<채소류의 생육 적온과 한계 온도>

구분		최저 한계 온도(℃)	생육 적온(℃)	최고 한계 온도(℃)
가짓과	토마토	5	20~25	35
	가지	10	23~28	35
	고추	12	25~30	35
박과	오이	8	23~28	35
	수박	10	23~28	35
	멜론	15	25~30	35
	참외	8	20~25	35
	호박	8	20~25	35
십자화과	무	8	15~20	25
	배추	5	13~18	23
장미과	딸기	3	18~23	30

- 또한 질산태 질소, 칼륨의 흡수도 10℃ 이하에서 억제됨
- 이와 같이 양분 흡수와 토양 미생물 활동은 지온이 낮을 때 현저히 억제되므로 적정 수준의 지온 관리가 필요함

<과채류 재배에서의 적정한 지온과 한계 지온>

구분	지온(℃)			구분	지온(℃)		
	최고 한계	적온	최저 한계		최고 한계	적온	최저 한계
토마토	25	15~18	13	참외	25	15~18	13
오이	25	18~20	13	호박	25	15~18	13
수박	25	18~20	13	피망	25	15~20	13
멜론	25	18~20	13	딸기	25	15~18	13

❑ 한파 대비 시설하우스 관리 요령

○ 지역별 기후 조건에 맞는 품목 선택과 최저 한계온도 확보

- 선택과 안전 작기 준수, 작물·생육기별 최저 한계온도 확보, 보온시설 보완, 내한성 품종 선택 등

- 보일러 등 난방시설 점검과 난방용 연료를 충분히 준비, 작물별로 생육 시기별 최저 한계온도와 알맞은 습도 유지
- 시설 내 과습 방지(환기, 멀칭 비닐을 깔고 점적관수 등)
- 오이·토마토·풋고추 등 열매채소는 야간 최저온도를 12℃ 이상, 상추 등 잎채소는 8℃ 이상 유지되도록 관리함
- 일교차에 의한 시설 내 안개가 발생하지 않도록 측창과 천창 개폐에 신경을 써서 생육 저하 및 생리장해 현상을 방지해야 함

○ 보온력 향상으로 난방비 절감
- 열이 많이 빠져나가는 재배시설 출입구 등의 단열재 활용 보완 필요
- 보온 및 단열 성능이 우수한 피복재 사용과 방열 틈새를 최소화하고, 피복 층수를 늘려 보온력 향상
- 다단 변온관리, 일사량 감응 자동변온관리, 온풍난방기 분진 제거에 의한 열 이용 효율 향상, 열 회수형 환기장치, 배기열회수장치, 지중열 이용 등으로 난방비 절감
- 방열면적 축소(연동화 등), 주변 단열재 설치(깊이 40㎝, 폭 10㎝)
- 자연 열 이용 증대(축열 물주머니, 지중축열장치), 가온 등

〈축열물주머니 설치효과〉

구분	기온(℃)	지온(℃)	수량(%)
설치	8~9	11~12	134
미설치	6	8	100

〈커튼 재료별 보온효과〉

(외기 5℃, 상추재배)

구분	PE	EVA	Al증착포
기온상승(℃)	1~2	2~3	4~5
지온상승(℃)	2~4	5	7

〈하우스 피복 형태에 따른 보온효과〉

피복형태	하우스+커튼(1겹)	하우스+밖에 섬피 덮음(1겹)	하우스+밖에 섬피 덮음(1겹) +커튼(1겹)	하우스+소형 터널+섬피 덮음(1겹)	하우스+소형 터널+섬피 덮음(2겹)
보온효과(℃)	3~4	5~6	7~8	9~10	12~13

○ 광 관리와 물주기 요령

- 수광량 증대를 위해 재식밀도를 낮추고, 노화 잎 제거, 그늘을 만드는 잎 적엽, 화방당 착과수 조절, 시설 표면 이슬 제거 등
- 햇빛이 강하고 광합성이 왕성한 날에는 밤 온도를 높여주고, 날씨가 흐려 광합성이 약하면 밤 온도를 약간 낮춰줌
- 관수용 물은 미리 받아 두었다가 적정온도를 유지하여 사용하고, 토양 조건, 식물 상태, 햇빛 강도에 따라 주는 양을 조절함
  · 흐린 날이나 습한 날은 관수량을 줄임

❑ 겨울철 시설하우스(강풍, 폭설, 습해 등) 사전대책

○ 내 재해형 시설 규격 확인(안전 적설심 확인)

○ 폭설 대비 처마 보강

○ 강풍, 대설, 한파가 예보되면 하우스 고정 끈을 팽팽하게 당겨주고, 제설 준비

○ 하우스 동 사이는 1.5m 이상 확보

○ 노후 또는 붕괴 우려 등 재해에 취약한 하우스는 보강지주 설치

○ 겨울철 휴작기에는 비닐을 미리 걷어 피해 예방

○ 외부 보온덮개나 차광망 덮을 때는 눈이 잘 미끄러져 내려 올 수 있도록 필요한 조치를 함

○ 눈 녹은 물이 비닐하우스 내부로 유입되지 않도록 주변 배수로 정비 (비닐 씌워 습해 예방)

○ 강풍 때는 환기창을 모두 닫아 완전 밀폐(비닐과 골재 밀착)

<보강지주 설치>

<피복재 제거>

<배수로 정비>

❑ 눈이 많이 내릴 때 대책

○ 지붕에 눈이 쌓이지 않도록 수시로 쓸어내려 줌

- 비닐하우스 한 지점에 여러 명이 올라가 골조가 휘어지는 일이 없도록 안전사고 등에 주의

○ 수막 장치나 난방기를 최대한 활용하여 하우스 내부에서 지붕의 눈을 녹여 내리도록 함

- 난방기는 내부 보온시설을 연 상태에서 가동함
- 가능하면 이동식 전기 온풍기 등을 미리 준비

○ 연동 하우스는 하우스 곡부 제설 작업 실시

○ 지붕에 눈이 쌓여 무너질 것이 예상되면 과감하게 비닐을 찢어 골조 붕괴를 예방하고 찢어진 비닐은 즉시 보수하거나 교체하여 시설 내 온도 유지

- 비닐 찢기 작업 중 매몰사고 등 안전사고에 유의

○ 정전 등으로 가온 시설을 가동할 수 없을 때는 숯, 알콜 등을 연소시켜 가온하고, 보온 피복 강화

○ 적용 살균제 살포, 요소 엽면시비로 생육 촉진, 피해가 심하면 다른 작물로 대체

〈지붕 위 눈 쓸어내리기〉

〈내부 난방기 가동〉

〈붕괴 우려 시 비닐 찢기〉

❑ 폭설 사후 대책

- ❍ 파손된 비닐은 속히 보수하여 저온 장해 최소화
- ❍ 가온이 가능한 비닐하우스는 내부 보온시설을 열고, 난방기 등을 가동해 내부 온도를 높여 지붕 위에 쌓인 눈을 녹아 내리게(햇빛 들어오도록) 함
- ❍ 골조가 휜 것은 일으켜 세워 보조 버팀기둥 설치
- ❍ 해 지기 전에 피복재를 덮어 보온력을 높여야 함

<비닐+보온덮개 덮기>

<지붕 위 쌓인 눈 녹여 채광 관리>

2. 잎 들깨

❑ 인공광 활용 재배 기술

○ 들깨는 단일조건 아래에서 꽃눈분화가 촉진되는 전형적인 단일성 작물로, 잎들깨 겨울 시설재배 시 꽃눈분화를 억제하고 품질 좋은 잎을 생산하기 위하여 야간 광 처리가 필요함

○ 잎들깨 시설재배 시 그해 가을부터 이듬해 초봄까지는 일장이 짧아 야간 광 처리가 필요하며 봄철 일장이 길어지고 채엽 종료 시점이 가까워질수록 처리 시간을 점차 줄여나감

○ 잎들깨 재배 시 야간 광 처리를 중단하면 식물체가 일장에 감응하여 꽃눈이 분화되기 시작하고 약 1개월 후에는 화뢰가 출현하고 개화가 시작되므로 야간 광 처리를 중단하여도 약 1개월 정도는 잎을 계속 수확할 수 있음

- 광 처리 시작: 본엽 3매 출현 시(일장 감응시기는 본엽 3엽기임)
- 일반적 광 처리 시간: 밤 12시부터 2시간(일장이 15시간 이상 되도록 처리)
- 조명 광도: 25 Lux 이상
- 간단 광 처리 시간: 5분 조명 15분 암 상태, 8시부터 아침 4시까지 반복 조명
- 광 처리 중단 시기: 8월 20일부터 ~ 이듬해 5월 1일까지
- 잎들깨 인공광 활용 광 처리를 위한 주요 시설은 사용 전력을 먼저 알아본 후 용량에 맞는 전구를 설치해야 함
- 일반적으로 농업용 전기는 용량이 작아 승압 공사를 하지 않고 많은 전구를 사용하면 안전사고의 위험성이 있으므로 반드시 선구 용량을 먼저 파악해야 함
- 특히 최근 백열전구의 판매 금지 이후 LED로 전환함에 따라 인공광 활용 광 처리 시 많은 주의 사항이 필요함

- LED 전구는 백열전구에 비해 빛의 퍼짐 정도가 약하므로 시설 내에 고루 빛이 퍼지는지 반드시 확인하여야 함
- 또한, 조명이 제대로 가동되지 않아 꽃봉오리가 출현하는 일이 없도록 수시로 전등 조명시설을 점검하도록 함
- 잎들깨 광 처리 기간은 8월 20일부터 이듬해 4월 20일까지 연속적으로 켜주면 됨
- 봄철 파종 후 4월 20일 이전에 발아하여 떡잎이 벌어지고 본엽이 나오면 전등을 켜서 4월 20일까지는 광 처리를 해주어야 하며 여름철 씨 뿌림의 경우 8월 20일 이전에 발아하여 본엽이 나오면 8월 20일부터 수확 종료할 때까지 또는 이듬해 4월 20일까지 광 처리를 해주어야 함
- 일부 농가에서는 광 처리 시기를 잘못 선정하여 여름철 파종 후 광 처리를 하지 않아 9월 중순 이후 꽃이 피어 수확을 할 수 없는 농가들이 많이 있으므로 주의를 해야 함
- 꽃눈분화는 온도보다 일장에 민감하여 꽃눈분화를 억제하기 위해서는 광 처리를 해야 함
- 광 처리 시간은 일조시간을 포함 14시간 이상 되도록 처리해 줌
- 광 처리가 충분하면 온도에 관계하지 않고 개화 억제 효과가 있으며, 금산 지방의 자연 개화기는 9월 6일 (일장 12.5시간)임
- 일부 농가에서는 일몰부터 22:00 시까지 광 처리를 하는 농가가 있는가 하면, 밤 10시부터 새벽 2시까지 처리하는 농가, 밤 12시부터 새벽 2시까지 처리하는 농가 등 다양하나 들깻잎 꽃눈분화에는 큰 영향이 적으나, 광 처리 시간이 길면 하우스 온도 상승 및 생장 효과를 볼 수 있다고 함
- 야간 광 처리를 밤 12시부터 2시간 조명하는 방법 대신 밤 8시부터 아침 4시까지 간단 광 처리(5분 조명하고 15분 암 상태를 반복함) 하면 그 효과는 같고, 전등 시설비를 절감시킴

· 간단 광 처리 시 잎 수량과 회뢰 출현기는 일반 조명과 비슷함
· 간단 광 처리는 시설비(기본 사용량 줄임)의 절감률은 71%임
· 간단 광 처리 시 총 처리 시간은 2시간으로 조명 시간은 같으나 새벽 하우스 내 온도의 급격한 저하 방지 효과가 있음

<조명 방법에 따른 꽃봉오리 출현기 및 들깻잎 수량>

구분	꽃봉오리출현기(년.월.일)	수량(kg/10a)	지수
자연조명	94. 12. 26	1,349	24
매일조명	95. 07. 07	5,547	100
1일 조명/2일 무조명	95. 03. 23	2,250	41
2일 조명/1일 무조명	95. 07. 09	5,567	100

<잎들깨 시설재배 시 간단 조명 효과>

처리명	화뢰출현기(월.일)		생엽수량(kg/10a)		시설비 절감율(%)
	잎들깨 1호	엽실들깨	잎들깨 1호	엽실들깨	
1/4간단조명	7.26	6.18	5,623(100)	3,779(102)	71
파야조명	7.25	6.18	5,636(100)	3,713(100)	0
무조명	2.7	1.30	1,280	715(19)	-

* 1/4 간단조명 (20시부터 5분 조명 15분 암상태), 파야조명(24시부터 2시간 조명)
* 씨뿌림기: 10월 12일, 2중 비닐하우스, 야간 10℃ 유지, 60w전구 3×1 m당 1개

❑ 수확 및 신선도 관리 기술

○ 수확 및 출하 형태

- 잎들깨는 겨울철 하우스 재배기술 발달과 함께 연중 생산이 가능하게 되었음
- 잎들깨 수확은 씨 뿌림 후 봄에는 40~50일이면 수확이 가능하며 여름 씨 뿌림은 40일이면 수확이 가능함
- 수확 요령은 여름철에는 약간 작은 상태로 겨울철에는 약간 큰 상태로 수확하는 것이 유리함
- 수확 주기는 여름철은 3~5일 간격, 겨울철은 15~20일 간격으로 수확이 가능함

- 포장 규격은 지역 및 출하 형태에 따라 달라지는데 대표적인 포장 규격으로는 6장씩을 양쪽으로 포개어 묶어 모두 12장이 되도록 하여 1속(묶음)으로, 상자에 담으면 되며 1상자는 100속을 담음
  · 일부 대구 및 경상도 지역은 12장씩을 양쪽으로 포개어 묶어 24장으로 출하하는 형태도 있으며, 비닐 소포장의 경우 판매처에 따라 10매, 20매, 30매로 다양화되어 있음

○ 신선도 유지를 위한 기술

- 잎들깨는 수확 후 생산에서 중·소매자까지 유통되는 시간까지 3~5일 걸리는데 그 과정에서 부패가 발생하여 잎들깨 생산 농가에 경제적으로 큰 타격을 주고 있으며, 잎들깨 상품성을 저하시키는 원인은 수확 전 잎들깨의 상태, 수확 후 온도 관리, 포장지 내 이산화탄소 농도 등으로 볼 수 있음
- 수확 전 잎들깨의 상태
  · 잎들깨 신선도는 수확 전 잎들깨 상태가 큰 영향을 미치며, 병에 걸린 잎들깨를 포장하면 신선도 저하 현상이 빨리 옴
  · 대표적인 예로 황화 현상이 발생하는 포장에서 생산된 잎들깨를 수확하여 출하하였을 때 부패 현상이 일어나는 사례도 있음
  · 황화현상은 식물병원균인 *Pseudomonas syringae* 가 침입했을 때 잎이 노랗게 변하는 현상임
  · 황화현상이 일어난 포장에서 병징을 보이지 않는 잎들깨도 이 세균에 감염되어 있으면 포장 후 출하했을 때 부패현상을 보이는 경우가 있었음
  · 또한, 양분 관리 이력은 잎들깨의 신선도에 영향을 미치는 주요한 요인임
  · 잎들깨의 신선도 저하가 빈번하게 일어나는 시기는 출하 가격이 좋은 시기와 재배기간이 끝날 무렵임

· 출하 가격이 좋을 때 빠르게 잎을 생장시킬 목적으로 양분을 과도하게 투입하면 조직이 치밀하게 생장하지 못하여 신선도 저하가 빨라짐
· 재배기간이 끝날 무렵에 양분을 충분하게 공급하지 않으면 잎이 건강하게 자라지 못하므로 신선도에 부정적인 영향을 미치게 됨
- 수확 후 잎들깨의 온도 관리
· 잎들깨는 잎이 얇고 수분이 다른 작물에 비하여 적기 때문에 다른 엽채류에 비하여 수확 후 온도 관리에 민감한 작물임
· 잎들깨를 5℃ 이하 저온에서 1일 이상 방치를 하면 검은 반점이 생기는 저온장해를 입고, 15℃ 이상의 고온에서는 잎이 누렇게 변하는 현상이 일어남
· 잎들깨는 수확 직후에 호흡량이 급격히 증가하면서 품온이 상승하는데 수확 직후 잎들깨의 온도는 봄철에는 25℃ 부근, 여름에는 30℃ 부근, 겨울에는 20℃ 근처로 상당히 높음
· 이렇게 높은 품온을 가진 잎들깨를 예냉하지 않고 포장할 경우 신선도 저하 문제가 발생할 수 있음
· 일반적으로 품온이 떨어지는 것을 방지하기 위해 농가에서는 예냉과 시들음 방지 목적으로 물을 뿌리고 30분~1시간 정도 실온에 두었다가 포장함
· 따라서 충분히 품온을 떨어뜨리기 위해서는 차가운 물에 담근 후 물을 충분히 뺀 후 포장하거나 물을 뿌린 후 저온 창고에 보관하여 충분히 식힌 후 포장하는 것이 바람직함
- 잎들깨 포장지 내 이산화탄소 농도
· 잎들깨는 수확 후에 호흡량이 급격하게 증가하는 작물로 수확 후 호흡량은 온도와 상관성이 높음
· 고온으로 갈수록 호흡량이 많아지는 특징이 있어, 수확 후 충분히 식히지 않은 잎들깨를 포장하면 포장 상자 내 산소 농도가 감소하고 이산화탄소 농도가 증가 속도가 빨라짐

· 저장 중 산소 농도가 낮아지면 시큼한 냄새가 발생하고, 이어 엽맥 주위에 갈변화가 일어남

· 상자 내 이산화탄소 농도는 보관 온도와 포장방법도 연관성이 있어 잎들깨가 마르는 것을 예방하기 위해서 포장을 단단하게 할 경우 상자 내 이산화탄소가 배출되지 않음

· 잎들깨를 보관할 때는 약간 느슨하게 포장하여 이산화탄소가 배출될 수 있도록 하거나 잎들깨가 마르는 것은 예방하고 가스는 충분히 배출될 수 있는 적절한 포장재를 사용하는 것이 좋음

a. 저온 장애
: 5℃ 이하 발생

b. 고온 장애
: 15℃ 이상 발생

c. 가스 장애
: 호흡량 증가에 따른 산소 부족

<원인에 따른 부패 유형>

❑ 잎들깨 수경재배 시 누적 일사량에 따른 급액 개시점 설정

(영농활용: 2024. 충남농업기술원)

○ 배경

- 잎들깨는 충남 금산 지역이 전국 생산 면적의 37%를 점유하고 있으며 최근 스마트팜 재배 잎들깨 수출이 일본 시장까지 확대됨에 따라 고품질 잎들깨 생산기술 개발이 필요함

○ 개발된 영농기술정보

- 잎들깨 수경재배 시 일사 비례 제어에 따른 급액 방법

· 정식시기: 2024. 5월 상순, 수확 기간: 5월 하순 ~ 7월 하순

· 급액 개시점: 누적 일사량 150J/cm^2, 1회 급액량: 40ml/주

· 150J/cm^2 처리에서 초장, 생줄기중, 건줄기중이 높았으며 생산량도 다른 처리에 비해 6.7% 높게 나타남

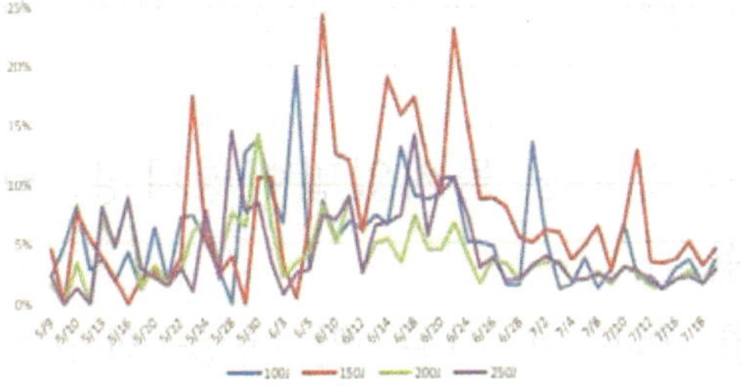

<급액 개시점에 따른 배액률 변화> <급액 개시점에 따른 생육 차이>

○ 파급효과

- 잎들깨 스마트팜 수경재배 시 적산일사량 비례 급액제어 처리별 관수량 정보제공을 통한 효율적인 급액제어 기준 제시로 양액비료 비용 절약 및 생산량 증가에 따른 농가 소득 증대

❑ 국내 잎들깨, 수출 작목으로 성장…안정 생산 관리 중요

(보도자료: 2025.9.10 농촌진흥청)

○ 2024년 기준 잎들깨 재배면적은 1,149헥타르(ha)*로, 연간 약 3만 7,000톤이 생산되는 주요 소득 작목으로 경남 밀양과 충북 금산이 주산지이며, 홍콩·미국·일본 등지로 104톤이 수출되는 등 해외 시장도 꾸준히 확대되고 있음

*잎들깨 재배면적(ha): ('15) 1,289 → ('18) 1,159 → ('21) 1,149 → ('24) 1,149

○ 농촌진흥청은 주요 소득 작목으로 자리 잡은 잎들깨의 안정 생산을 위한 해충 방제와 재배 관리 방법을 소개했음

파종 전 시설재배 포장

잎들깨 시설재배 포장

파종 전 수경재배 포장

잎들깨 수경재배 포장

○ 시설 잎들깨는 보통 8월 중순부터 9월 초순까지 파종해 10월 상순부터 이듬해 5월까지 수확함

○ 재배 과정에서 자주 발생하는 해충으로는 들깨잎말이명나방, 담배거세미나방, 점박이응애 등이 있음

- 들깨잎말이명나방: 줄기, 잎자루를 절단해 시든 잎 속을 파고들어 내부에서 가해하며 발생 시 피해 잎을 즉시 제거하고 방제함
- 담배거세미나방: 애벌레가 잎 뒷면에 무리 지어 잎맥만 남기고 갉아먹어 자라면서 잎 전체에 피해가 커지므로 초기 단계에 방제함
- 점박이응애: 연중 번식하므로 잎 뒷면을 주기적으로 관찰해야 하고 발생이 확인되면 작용기작이 다른 등록 약제로 즉시 방제함
- 차먼지응애: 눈으로 구분하기 어려워 약해·생리장해·바이러스 등 병 증상으로 오인하기 쉽고 피해 잎은 기름 바른 듯 광택을 띠며 피해 정도가 급속히 커지므로 발생 초기에 등록 약제를 번갈아 살포함

○ 잎들깨는 재배 환경 관리도 중요하며, 낮 온도는 25~30도(℃), 야간 온도는 15도(℃) 이상을 유지하고 지나치게 습하거나 건조한 환경을 피하고 환기를 철저히 하여 병해충 확산을 억제함

○ 병해충 방제 시 농약 허용 기준 강화제도(PLS)에 따라 등록된 약제를 안전사용기준에 맞춰 사용해야 하고, 등록 약제와 사용법은 농촌진흥청 '농약안전정보시스템(https://psis.rda.go.kr/)'에서 확인할 수 있음

3. 참 외

❑ 접목 재배 기술

- ○ 접목 방법으로는 삽접, 호접, 합접 등이 있으며, 삽접은 활착률이 60~70%이고, 호접은 활착률이 95% 이상으로 박과 작물에 대부분 이용하고 있음
- ○ 최근 공정 육묘장의 확대와 플러그묘에 대한 인식이 높아지면서 핀접법, 편엽 합접법, 합접법의 방법으로 플러그 접목묘를 생산하고 있음
  - 핀접은 핀모양의 세라믹을 이용하여 대목 및 접수의 배축에 꽂아 접목하는 방법으로 주로 토마토에 실용화되고 있으며, 편엽 합접법은 대목의 떡잎을 1개 제거하면서 생장점 부위의 배축과 접수의 배축을 경사지게 절단하여 튜브로 고정 접목하는 방법임
  - 합접법은 대목의 떡잎과 생장점을 완전히 제거하고 대목 및 접수의 배축을 경사지게 절단하고 접합면이 밀착되도록 튜브로 고정하여 접목하는 방법임
- ○ 참외에 주로 이용되는 접목 방법은 호접법과 편엽 합접법임
- ○ 접목 방법
  - 호접법
    - · 참외의 접목에서 가장 많이 사용하는 방법으로 참외를 먼저 파종하고 참외의 떡잎이 전개되어 펼쳐지는 시기(파종 후 5~7일후)에 대목을 파종함
    - · 접목은 대목을 파종한 후 8~10일경, 즉 대목이 발아하여 떡잎이 전개되는 시기에 실시하고, 접목 장소는 그늘진 곳이나 직사광을 피하도록 차광망을 설치함
    - · 접목시의 준비물은 면도칼, 접목클립, 육묘포트, 차광망, 육묘 후 소형터널 등임

〈호접 요령〉

- 접목 요령은 대목과 접수를 동시에 뽑아서 대목의 생장점을 제거한 후 배축을 1/3~1/2 깊이로 위에서 아래로 6~8mm 정도 자름
- 접수의 배축은 아래에서 위로 1/2 정도의 깊이로 베어서 대목 및 접수의 절단면을 서로 끼워 밀착시켜 고정용 접목 클립을 이용하여 접수가 클립의 안쪽에 오도록 하여 끼움
- 접목 모종은 준비한 9~12cm의 비닐 포트에 접수가 위로 가게 하여 비스듬하게 심고, 접목 모종이 활착될 때까지는 물은 줄 필요가 없으므로 육묘 포트에는 미리 모판흙을 담고 접목 하루 전에 물을 충분히 줌
- 이식 후 육묘용 터널에 넣어 비닐로 덮고 온도는 28~30℃ 정도, 상대습도는 80% 이상 되도록 유지하고 차광망을 씌어줌
- 비닐은 접목 당일에는 완전히 밀폐하고, 다음날은 내부 온도가 30℃ 이상 되지 않도록 조금 열어주면서 시들지 않도록 관리함
- 차광망은 접목 후 2일부터 제거하는데 시드는 모종은 별도로 차광망을 이용하여 관리하고, 대개 접목 후 7일 정도이면 두 접합조직에서 유관속이 분화하여 형성층이 형성됨

· 참외의 배축은 육묘 기간에 절단해야 접목 효과가 있으므로 접수의 배축 절단은 접목 후 13~14일경에 실시하는 데 우선 4~5포기를 절단하여 다음 날 시듦 여부를 확인하고 전체 접목한 참외의 배축을 잘라줌
· 일부 농가에서 아주 심을 때 접수를 잘라주는 경우가 있는데 이는 접목 후 상당한 기간(25~30일) 동안 양·수분을 접수와 대목의 양쪽 뿌리에서 흡수 함으로써 지상부의 생장이 많아지게 됨
· 이러한 접목 모종을 아주심기 할 때 접수의 배축을 절단함으로써 아주 심은 후에 상당한 스트레스를 받게 됨
· 한편 참외의 배축을 자르지 않으면 참외를 통해 덩굴쪼김병균이 침입하므로 접목한 효과가 떨어질 수 있음

- 삽접법(꽂이접)

· 호접과는 달리 삽접은 접목 시 대목에 구멍을 쉽게 내기 위해 대목을 참외보다 3~5일 먼저 파종함
· 대목이 발아하는 시기에 싹틔우기 한 참외를 따로 파종함

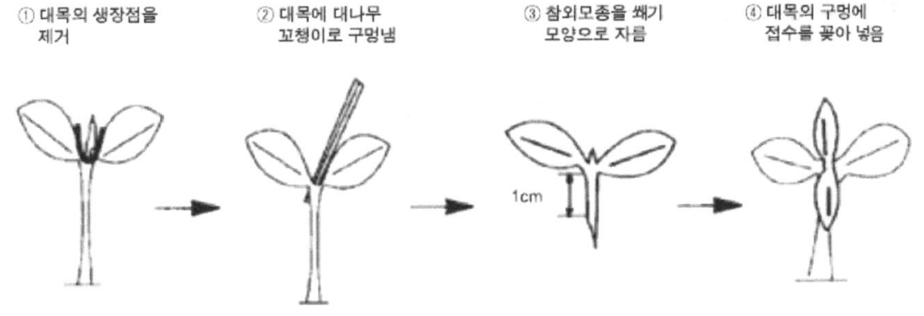

〈삽접법 요령〉

· 접목 시에 준비해야 할 것은 물을 담은 접시, 육묘포트, 대나무 꼬챙이, 면도칼 등임
· 접목 시 사용하는 대나무 꼬챙이는 접수의 굵기와 비슷하게 쐐기 모양으로 만듦
· 접목 시기는 파종 후 7일경에 실시함

· 접목요령은 참외의 배축 밑부분을 잘라 물을 담은 접시에 담가 두고 대목의 생장점을 제거하고 대나무 꼬챙이로 생장점 부위에서 45° 각도로 찔러 끝부분이 반대편으로 약간 나오게 구멍을 냄
· 참외의 배축은 쐐기모양으로 7~8mm 잘라 대목의 구멍에 삽입하여 끝부분이 대목 바깥으로 나오게 하면 접목이 완료됨
· 주의할 점은 대목의 배축에 있는 내부 구멍으로 접수의 뿌리가 내리는 경우가 없도록 하고 대목이 웃자라지 않도록 온도를 낮게 관리해야 함
- 합접법
· 호접법과 같이 참외를 먼저 벼 파종상자에 파종하고 참외의 떡잎이 전개되어 펼쳐지는 시기에(파종 후 5~7일) 대목을 플러그 트레이에 파종함
· 접목 장소는 그늘진 곳, 또는 직사광을 피하도록 차광망을 설치한 곳이어야 함
· 접목 시의 준비물은 면도칼, 접목 클립(튜브), 차광망, 활착 및 육묘용 소형터널 등임

<합접법의 대목 절단 방법>

· 접목시기는 참외 모종을 기준으로 호접을 하는 시기보다 3~5일 후에 실시하는 것이 좋음
· 접목 요령은 본잎 1매가 완전히 전개된 시기에 대목의 잎을 제거하여 접수와 대목의 배축을 경사지게 절단하며 접합면이 최대한 많게 서로 밀착시켜 튜브로 고정함

· 특히 대목의 배축 절단은 배축의 중심부를 통과하도록(내부의 구멍이 보이게) 하는 i)보다 중심부를 통과하지 않도록(구멍이 보이지 않게) 하는 ii)와 같이 절단하는 것이 중요함
· 접목 후에는 상대습도가 80% 이상, 기온이 25~30℃ 정도 되도록 하고, 4~5일 경과 후에 서서히 순화시킴
· 순화 과정은 접목 후 4~5일경에 기온이 30℃ 이상 되지 않도록 환기하면서 시들지 않도록 차광망을 덮어 관리함
· 대개 접목한 지 7일 전후에 두 접합조직에서 유관속이 분화하여 형성층이 생김

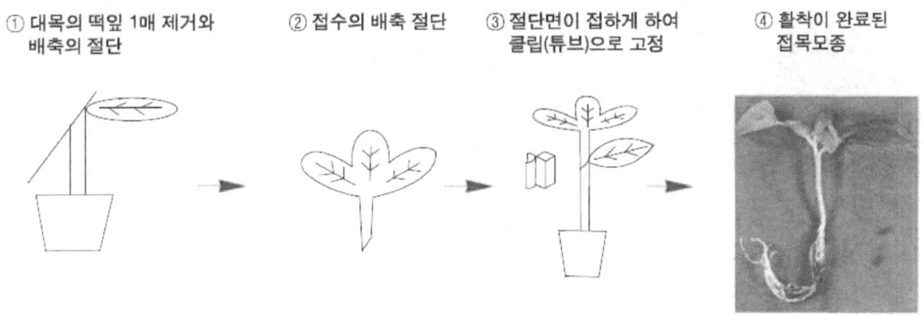

〈합접 요령〉

- 편엽 합접법
· 파종은 합접법과 같은 방법으로 참외를 먼저 파종하고 참외 떡잎이 전개되어 펼쳐지는 시기에(파종 후 5~7일) 대목을 플러그 트레이에 파종하며 접목 장소는 그늘진 곳이나 직사광을 피하도록 차광망을 설치 한 곳이어야 함
· 접목 시에는 면도칼, 접목클립(튜브), 차광망, 활착 및 육묘용 소형 터널 등을 준비해야 함
· 접목 시기는 호접을 하는 시기보다 3~5일 경과된 후가 적당하고, 참외 배축은 가늘어서 본잎 1매가 완전히 전개된 후에는 배축의 절단면과 접하는 면적이 넓어 활착률을 증대시킬 수 있음

· 접목 요령은 떡잎과 생장점을 제거하고 접수와 대목의 배축을 경사지게 절단하여 접합면이 서로 밀착되게 튜브(규격)로 고정한 후 포트에 심어 활착실에 옮겨두면 접목이 완료됨
· 합접은 떡잎을 완전히 제거하는 반면 편엽합접은 대목의 떡잎을 1장 남겨두어 접목함
· 접목 후 환경 관리는 합접법과 같은 방법으로 하는데 대목이 웃자라지 않도록 온도 관리에 주의함

대목에 접수 연결

접목클립으로 고정

완성(무병상토에 꽂기)

<편엽합접 요령>

Ⅱ. 과 수

1. 사 과

❑ 수확(만생종 마무리) 및 저장

○ '후지' 등 만생종은 11월 상순까지 수확을 완료해야 함

- '후지' 품종은 만개 후 180일에 도달하는 시기가 적기임
- 장기저장용 사과는 단기저장용이나 즉시 판매용보다 다소 일찍 수확함
- '후지' 착색향상을 위한 수확기 지연은 급격한 저온에 의해 과실이 어는 피해를 받을 수 있으므로 수확이 너무 늦지 않도록 관리함
  · 사과는 동결점(-1.0~-2.5℃)보다 약간 낮은 온도에서는 과실 피해가 경미하나, -7~-10℃에서는 몇 시간 만에 심각한 장해가 발생함
- 수확시기에 따른 과실 저장성
  · 조기 수확: 저장력 강, 식미와 착색 다소 불량
  · 지연 수확: 저장력 약, 밀병, 내부 갈변 발생, 연화로 인한 품질 저하
- 저장을 목적으로 할 때는 장기간 품질 변화를 고려해야 함

○ 수확 후 관리원칙

- 저장 출하 계획에 따라 수확시기를 결정하고, 수확 → 출하 → 유통 모든 과정에서 손실을 일으키는 과정을 피함
- 모든 품질기준은 소비시점에 맞추어 저장 → 유통기간을 계획함

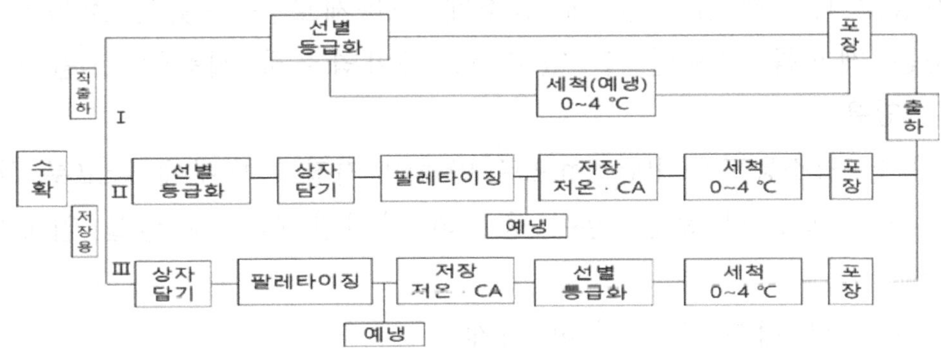

* 직출하 조·중생 사과의 통풍예냉: 선별 전 혹은 상품화작업 후 선택 적용
* 세척기술: 사과 등급에 따라 선택적으로 활용

<출하 목적에 따른 수확 후 관리도>

○ 저장 전 처리

- 과실 수확시기는 저장유무 및 출하 전략에 따라 결정하여야 함
- 저장하지 않고 수확 후 바로 출하하는 과실이라면 수확 후 특별한 처리가 필요하지 않지만, 장기 저장할 과실은 I-MCP를 처리하고 저장함
- I-MCP는 수확한 과실의 에틸렌 발생을 억제하는 물질로 수확한 후 처리하게 되면 처리하지 않은 과실에 비해 과실의 경도가 오랫동안 유지됨
- 그러나 장기저장을 하지 않고 단기간 저장하였다가 출하하는 과실이라면 처리하지 않아도 과실품질의 저하가 적어, 효과가 크지 않기 때문에 저장 후 출하를 언제 하느냐에 따라 처리를 결정함
  · I-MCP 처리한 과실은 처리 후 환기를 철저히 하여야 함

○ 저장고 소독

- 가동을 중지하였던 저장고는 벽면이나 바닥에 부패균이 오염되어 있을 확률이 높아 과실을 적재하기 전에 저장고와 상자 등을 소독한 후 사용함
- 저장고를 소독하는 방법은 염소계 살포, 유황 훈증 등이 있음
- 저장 상자는 세척하거나 일광 소독을 함
- 저장고 내부를 소독할 때 염소계 소독제로는 수돗물 소독에 사용하는 제제를 사용할 수 있고 또 차아염소계 제품(락스)을 이용할 수 있음
- 소독은 염소농도를 100ppm으로 만들어 저장고 내부에 골고루 살포함
- 소독 후 반드시 문을 열어 충분히 환기한 다음 과실을 입고함

○ 적재

- 출하 순서 계획 후 신속히 적재
- 저장고 입고하는 시기가 늦어질수록 과실의 품질 저하가 크므로 가능한 한 야적하지 말고 곧바로 저장고 입고

- 팔레트 위 적재로 저장 중 원활한 공기 유통 조성
  · 벽면에서 20~30㎝ 이상의 공간을 두고 배치
- 과다 적재하는 경우 유해가스가 많이 발생하여 부패 및 생리장해 초래
  · 최대 적재량은 저장고 부피의 70~80% 수준 유지

❏ 월동 전 과수원 관리

○ 토양이 건조하지 않도록 수확 후부터 땅이 얼기 전까지 충분히 관수
- 토양이 지나치게 건조하면 언 피해 발생 증가

○ 수세가 약해진 나무는 가지치기를 최대한 늦추거나 겨울철이 아닌 월동 이후인 3월 하순~4월 상순에 실시함

○ 수확을 마무리한 과원에서는 잎이 떨어진 후 밑거름 바로 시비
- 내년 2월 상·중순 뿌리 활동이 시작될 때 이용될 수 있도록 관리

* 밑거름은 살포한 지 2~3개월 후 뿌리 흡수 시작

○ 세력이 많이 약해진 과원에서는 잎이 떨어지기 전에 요소 3~5%를 엽면시비함

○ 병원균들이 월동하는 썩은 과실, 줄기, 잎, 뿌리 또는 토양 등으로 매우 다양하며, 해충은 알이나 유충, 성충, 또는 번데기 상태로 나무의 조피나 유인끈 안쪽에서 월동하기 때문에 과수원을 청결하게 하여 월동하는 병해충의 밀도를 줄여야 함

○ 착색을 위해 깔아두었던 반사필름은 수거하여 가능한 한 내년에 사용할 수 있도록 잘 보관하고, 수관 아래에 잡초 제거를 위해 깔아두었던 부직포도 빨리 걷어 둠
- 토양 표면에 덮여있는 반사필름, 부직포 등을 걷어 수관하부 지열이 차단되지 않도록 함

○ 관수 배관에 수분이 남아있으면 겨울에 동파되기 쉬우므로 한파가 닥치기 전에 물을 완전히 제거해 줌

❑ 과수의 수확후 생리 및 저장 장해에 대한 대사체 분석 연구

(연구동향: 2025.6. 월간리포트 175호. 국립원예특작과학원)

❍ 연구기관

- 미국, Cornell University
- 중국, Northwest A&F University
- 국립원예특작과학원, 서울대, 중앙대, 경북대 등

❍ 연구내용

- 대사체(metabolomics) 분석은 원예작물의 수확후 숙성, 노화 및 저장 중 장해에 대한 생리학적 변화를 이해하는 방법이며 이를 통해 생산된 원예작물의 품질 유지를 위해 이루어지는 재배 및 수확 후 처리 기술의 개선과 신규 제안을 하기 위한 접근방법 중 하나임
- 대사체학에는 특정 대사물질을 정량 분석하는 표적(Targeted) 대사체학, 전체 대사 프로파일을 분석하는 비표적(Untargeted) 대사체학 등이 있으며, 주로 LC-MS(액체 크로마토그래피-질량 분석법), GC-MS(기체 크로마토그래피-질량 분석법), ToF(Time-of-Flight) 질량 분석기 등을 활용함. 데이터 전처리 후 다변량 통계 분석을 통해 패턴 분석 및 유의미한 인자를 추출하며, KEGG, HMDB 등의 데이터베이스를 활용해 대사 경로 내 해당 인자의 역할을 해석하는 과정으로 연구를 수행함
- 최근에 국외에서는 대사체학을 포함한 유전체학, 전사체학, 단백질체학을 융합한 다중 오믹스 접근 방식으로 수확후 생리와 관련한 복잡한 대사 경로와 조절에 대한 포괄적인 정보를 얻을 수 있음

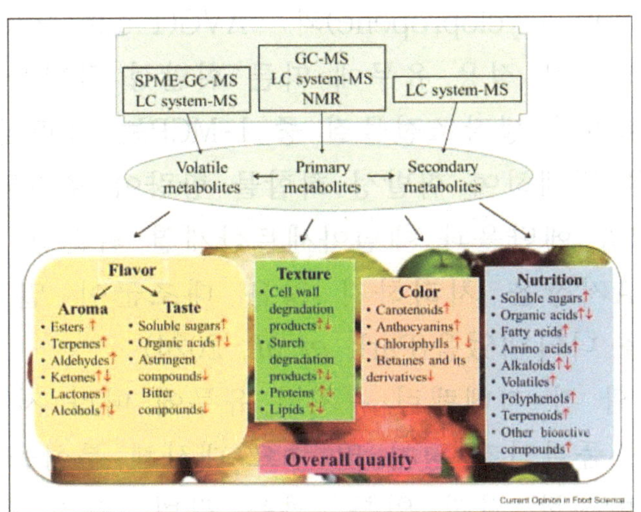

<과실의 품질과 대사산물 간의 상관관계 (Yun *et al.*, 2022)>

- 키위 수확 후 숙성과 품질 조절 메커니즘을 규명하기 위해 키위의 수확 후 상온 저장 기간에 따른 숙성 단계를 나누어 대사체학 분석 및 프로테오믹스 분석을 수행함
  · 분석된 대사체는 주성분 분석을 통해 각 숙성 단계 간의 대사 프로파일 차이가 명확하게 나타났으며, 특정 대사산물(Leu-Leu와 Leu-Val 같은 이펩타이드, 트레할로스 및 갈락투론산 등)이 숙성 단계에 따라 중요한 역할을 담당하는 것으로 나타남
  · 또한 KEGG 경로에 대사산물들을 분류하여, 탄소 및 갈락토스 대사, 2차 대사 산물 생합성, 아미노산 생합성, 페닐프로포노이드 생합성 등의 경로가 숙성과 품질 형성과 밀접하게 연관되어 있음을 확인함
  · 이러한 대사체학 분석은 키위의 숙성 과정에서 나타나는 대사 변화를 정밀하게 파악하고, 저장성 및 품질 개선에 필요한 핵심 생화학적 기전을 이해하는 기초 자료로 활용될 수 있음(Tian *et al.*, 2021)
- 사과의 생리장해 중 밀 증상(Water core)은 수확 및 수확후 저장 중 나타나며 내부 갈변의 원인이 됨. 이를 제어하기 위해 수확 전

1-MCP(1-methylcyclopropene)와 AVG(1-aminoethoxyvinylglycine) 처리 후 CA저장 적용 유무에 따른 휘발성 화합물을 분석

· 수확 전 처리한 생장조절물질 중 1-MCP는 사과의 성숙과 관련한 대사과정을 방해하여 휘발성 화합물 함량이 조절되는 것으로 확인하였고, 그중 에탄올과 에틸아세트산계열 휘발성 화합물의 변화를 토대로 CA저장을 처리하지 않은 대조군이 밀 증상의 억제에 효과적임을 나타내었음(Park *et al.*, 2024)

- 원황배 수확 전 지베렐린$_{4+7}$ 처리 유무에 따라 저장 후 생리 장해 발생 여부, 품질인자 평가 및 주요 대사체 분석을 시행함

· 저장 중 발생한 과피 얼룩, 과육 갈변, 수침 등의 생리장해가 유기산(시트르산, 시킴산), 아미노산(GABA, 글라이신, 아르기닌), 소르비톨의 감소와 메티오닌 및 아이소루신이 증가와 연관성이 높음을 확인함

· 따라서 원황배 저장에는 수확 전 지베렐린계열의 호르몬 처리가 부정적인 영향을 미칠 수 있어 처리에 신중해야 함을 제안하였음(Latt *et al.*, 2024)

○ 국내 기술수준과 전망

- 국내에서는 국립원예특작과학원, 중앙대학교, 경북대학교 등에서 국내 주요 과수의 수확 후 저장 중 발생하는 생리장해를 대사체 분석을 통해 연관성이 높은 특정 대사물질을 발굴하는 연구를 진행하고 있음

- 또한 급격히 늘어난 이상 기후에 따라 원예작물의 생산량이 급감하거나 저장 중 손실률이 급등하는 수급 관련 이슈가 발생함에 따라 대사체 분석을 통해 저장 생리 장해의 발생 원인 구명 및 적절한 수확 후 처리에 관한 제안과 품질임계치 예측에 활용이 가능할 것으로 전망됨

❏ "로봇이 로봇을 돕다" 과수원 농업 로봇의 진화

(보도자료: 2024.07.18. 농촌진흥청)

1. 과수원용 제초로봇

〈기술 개요〉

◆ 과원 내 무인 잡초 제거를 위한 로봇 기술 개발
- 고정밀 위성항법장치 기반 자율주행 플랫폼 및 항법 알고리즘 개발(주행 오차 ±10cm)
- 작업시간 5시간 확보(완충 기준) → 주행속도 2km/hr일 때 1.85ha 제초 작업 가능

○ 과수원용 제초로봇 구성 및 특징
- 주행부: 차륜형 전륜 구동 방식(모터 사용)
  * 크기(m): 1.8(W)×1.97(L)×0.98(H), 최대주행속도: 3.5km/hr
  * 주행방식: 원격(리모콘), 자율주행, 1회 완충 시 최대 5시간 사용 가능
- 제초부: 회전날 구동(모터 사용), 주 제초기+가변 제초기
  * 주 제초기: 1.8m, 가변 제초기: 0.45m (과수, 지지대 접촉 시, 전동식 접힘)
  * 제초날 회전속도: 최대 2,300rpm (고속회전방식으로 예초 작업)
  * 공압 스프링 활용 지면 충격 최소화 및 굴곡진 노면에 유연한 대응

○ 자율주행 기능 구현 및 작업 방식
- 자율주행 기능 구현
  * 고정밀 위성항법장치: 로봇 주행 경로 생성, 로봇위치 파악(측정 정밀도 ±2cm)
  * 라이다(LiDAR): 과수열, 장애물, 작업자 등 농작업 환경 인식
- 자율주행 작업 방식: (1) 작업자 사전 주행경로 주행, (2) 경유지점 기반 최적경로 생성(자동), (3) 자율주행 ⇨ 무인 제초작업
- 장애물 인식 및 회피: 라이다 활용 1.5m 이내 작업자, 수확 상자 등 장애물 인식 시 정지 * 정지정확도 93% 이상(1.5m 기준 10cm 이내 정지)

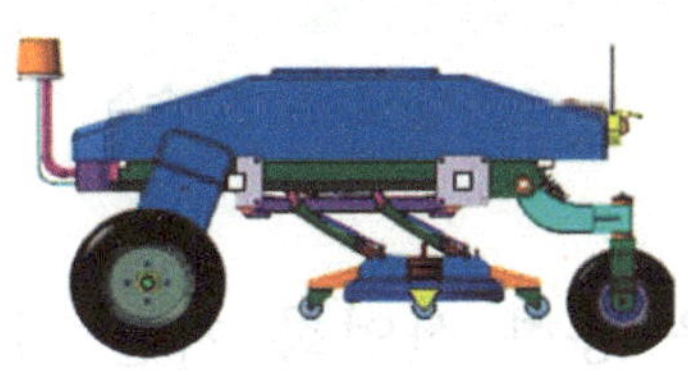
〈제초로봇 시작기〉

〈현장 기술설명회〉

〈제초로봇 개선, 보완〉

2. 과수원용 작업자 추종 운반로봇

<기술 개요>

◆ 과원 내 농작업 편이성 향상을 위한 작업자 추종 운반로봇 기술
- 고정밀 위성항법장치 및 라이다, 영상장치 기반 작업자 추종 기술 개발
  · 추종거리 오차 1.5m 기준 ±10cm이내, 장애물 인식 시 정지(정지정확도 95%)
- 최대 300kg 적재, 구동축 각도 조절을 통한 지상고 조절 가능

○ 작업자 추종 운반로봇 구조 및 특징

* 구동부: 1.5kW 급 BLDC 모터 사용(2개) (최대 300kg 적재, 이송 가능)
* 원격 송수신기: 이동 및 조작 편이성 향상
* 구동축 각도 변경 가능: 노면의 상태에 따라 지상고 조절
* 1회 완충 시 5시간 연속 사용 가능
* 작업자 추종 방식: 고정밀 위성항법장치(개략적 경로추종), 라이다, 카메라 (정밀 추종)
* 추종거리 오차: 1.5m 기준 ±10cm (정확도 93% 이상, 장애물 인식 시 정지)

○ 고정밀 위성항법장치, 라이다 및 영상장치 활용 작업자 추종 기술 개발

- 라이다 또는 영상장치를 활용한 작업자 인식, 일정거리 유지
- (셔틀 기능) 고정밀 위성항법장치를 활용한 집하장 등 사전 설정 위치로 이동
  * 동작버튼 누름 → 현재 위치에서부터 이동 경로 기준 경로 생성 → 무인 이동
  * (자동복귀) 현재 위치 기준 마지막 작업 위치까지 이동

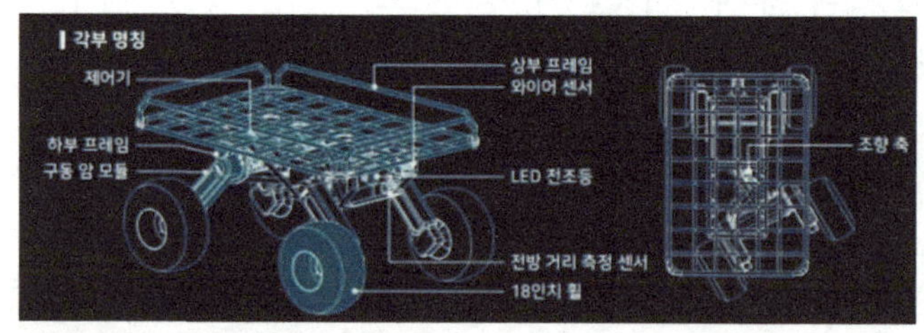

<작업자 추종 운반로봇 구성> <운반로봇 모습>

○ 추진 현황 및 계획(제초로봇도 동일)

- 현장실증('24) 및 신기술시범보급('25) 추진을 통한 산업화 기반 확보, 다양한 농작업 확장, 적용을 위한 모듈형 농작업기 장착 방안 추진

3. 방제로봇 전동화 및 기술 고도화

<기술 개요>

◆ 과수원 방제로봇 전동화 및 작업 편이성 향상을 위한 기술 고도화
- 전동형 방제로봇 : 고정밀 위성항법장치 기반 자율주행, 약액보충지 자율 이동
  · 주행 오차: ±10㎝ 이내, 완충 시 최대 5시간 가동, 전동화로 매연 및 소음, 진동 최소화
- 방제 작업 중 약액 15% 미만(왕복작업 불가) 시, 약액 보충지 자동 이동
  · 현위치-보충지 간 자율 이동 → 약액 보충 후, 현위치 이동 → 작업 재개

○ 전동형 방제로봇 구조 및 특징
- 크기: 2.4m(L)×1.4m(W)×2.8m(H)
- 약액 용량 및 분사량: 500L (고속: 20L, 저속: 11L) * 분사 노즐 16개
- 약액 송풍 방식: 10,200 rpm 전동모터(6.4kW급)
- 배터리: 48V 300A (완충 시, 최대 5시간 연속사용 가능)
- 방제부: 접히는 방식을 적용하여 방제 후, 이동 및 보관 용이
- 자율주행 방식: 고정밀 위성항법장치 활용 경로 추종 방식

○ 고정밀 위성항법장치 및 라이다 활용 약액 보충지 자동 이동 기술
- (작업 효율 극대화) 약액 보충량 인식 및 보충지까지 자율 이동 기능 구현
  * 약액량이 일정 미만일 경우, 약액 보충지까지 자동 이동 → 약액 보충 후, 작업 중단 위치까지 이동 → 작업 재개

<방제로봇 구조>

<방제로봇 현장적용시험>

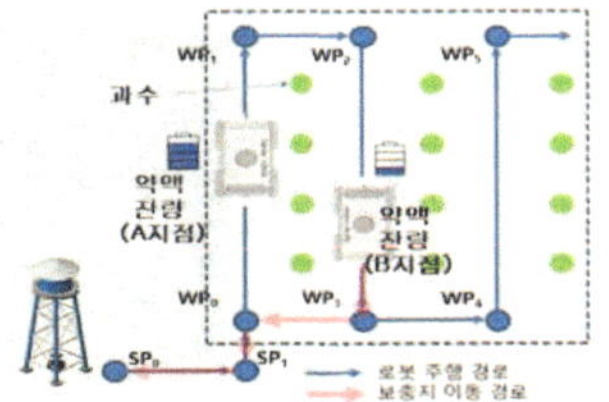

<약액 보충지 자율 이동 기술>

○ 금후 계획
- (로봇간 협업) 운반로봇 활용 약액 이송 및 보충 기술 구현('24. 10)
  * 방제로봇 약액 부족 알림 시, 운반로봇이 약액을 싣고 경유지로 이동, 보충 → 방제로봇 작업시간 단축, 배터리 사용량 최소화

농업용 로봇 현장실증 지원사업

○ 사업개요

- (사업 목적) 농촌 주산단지 거점을 기반으로 정식·제초·방제·수확 등 재배 전주기에 대한 다수다종의 로봇 융합솔루션 실증보급
- (총 예산) 과수, 식량, 채소, 두류 대상 3개소 10억('23~'27, 5년, 150억)
  - '24년 예산: 3개소, 3,000백만원(김제(식량), 연천(두류), 옥천(과수))
- 지원내용: 정식, 제초, 방제 등 R&D기반 로봇 현장실증

※ 한국농업기술진흥원은 농업기계화 촉진법에 의거 법적인 검정업무를 수행하고 농업기계 업무 연관성 및 전문성 등을 감안하여 기재부와 협의하여 수행기관으로 지정

○ 적용 모델

- (재배생력화) 방제, 제초 자동화 등 로봇 기술 *과수: 사과, 복숭아 등
  - 스마트 로봇 방제 기계·기술 및 효과검증 현장접목 연구
  - 과원 내 무인 작업을 위한 자율 항법 알고리즘 개발 기술 적용

제초로봇

운반로봇

방제로봇

적용기종(업체)	방제로봇, 제초로봇, 추종형 운반로봇, ICT해충트랩, 모니터링 로봇 등

- (생산성향상) 자율주행 기술활용 생산성 향상 *식량: 벼, 밀, 보리 등
  - 청개발 영상인식+GNSS 기반 경로 추종 및 선회 등 트랙터 자율주행
  - 무인 농작업을 위한 모듈형 조향 제어 시스템 연구

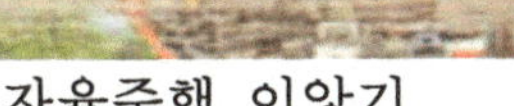
자율주행 이앙기

자율주행 트랙터

방제·시비·직파용 드론

적용기종(업체)	자율주행 트랙터, 자율주행 이앙기, 방제 · 시비 · 직파용 드론, 자동물꼬

- (수급안정형) 파종, 제초, 작황예측 기술적용 * 채소 배추, 무, 양파, 마늘 등
  - 로봇 및 ICT 기술을 활용한 신기술 잡초방제 실증연구
  - 작황조사 및 대응 통한 생산량 보정과 인력수급의 애로사항 해결

자동조향장치　　　　드론활용 작황조사

적용기종(업체)	마늘파종로봇, 승용형 농기계용 자동조향장치, 제초로봇, 작황조사 드론

○ 추진방향
- (특혜시비) 간접보조사업자 선정운영 또는 농업법인 책임성 강화
- (협업방안) 위원회운영 및 협약체결, 기술지원 등을 지자체·농산업체와 연계
- (사후관리) 5년 동안 대상자에게 사업목적에 맞는 사후관리 이행 책임 부여
- (기술이전) 실증 참여를 통해 연구자와 농산업체 피드백 강화

○ 추신방안
- (선정과정) 심의회(내·외부) 구성, 서면·현장 평가 등을 통해 대상자 선정
- (운영과정) 위원회 구성, 협약체결 및 지자체 연계를 통한 사업 관리 강화
- (사후관리) 사업장의 관리 방안 및 기술이전 등 환류 체계 마련

✓ 과수원용 제초, 운반, 방제로봇 개발 배경은?

- 최근 농촌인구의 감소 및 고령화·여성화로 농작업의 지능화, 무인화 기술 요구도가 증대하고 있음
  * 농업인 고령화 비중(65세 이상): 2019년 54.1% → 2021년 56.2% → 2023년 59.1%
  (참고) 농업인의 업무상 질병 및 손상조사 내 연령별 농업인 수(통계청, 농촌진흥청 제공)
- 특히 과수원의 경우, 농작업 시 농기계·작업기 전복사고 등으로 인한 농업인 사상자가 해마다 꾸준히 발생
  * 손상 발생률: 농기계 사고 2015년 2.4% → 2019년 3.2% → 2023년 3.4%
  (참고) 농업인의 업무상 질병 및 손상조사 내 손상 발생율(통계청, 농촌진흥청 제공)
- (정책) 정부는 스마트농업 혁신기술 개발 보급을 국정과제로 선정하고, 스마트농업 확산 기반 강화를 위한 제도적 기반 마련
  · 인공지능, 로봇 등 기술 개발과 기자재·데이터 표준화, 인공지능 기반 클라우드 통합 플랫폼 구축 지원 등
  * 「스마트농업 육성 및 지원에 관한 법률」 제정('23.6.30.), 시행('24.7.26.)
  * (국정과제71-2-1) 스마트농업 혁신기술 개발 보급)
- (경제·환경) 인공지능, 로봇 기술은 다양한 산업 분야와 융합하여 급격한 변화를 주도하고 있으며, 농업 신성장 동력으로 부각
  · '26년 글로벌 스마트농업 시장규모는 '20년 대비 2.7배 증가한 341억 달러로 전망(연평균 18.4%↑)
  * 세계 로봇시장 규모: ('22) 44조 3,000억원 → ('26) 105조 1,563억원
- 개발 기술의 신속한 현장 적용을 위해 민간기업과의 협업 및 산업화 지원 필요

✓ 제초, 운반, 방제 로봇의 구성, 작동 방법은?

- (제초로봇) 고정밀 위성항법장치(GNSS) 및 레이저 센서 기반 자율주행 기능 구현
  · 고정밀 위성항법장치: 로봇 주행 경로 생성, 로봇 위치 파악 (측정 정밀도 ±2cm)

* 자율주행 작업 방식: (1) 작업자 사전 주행경로 주행, (2) 경유지점 기반 최적경로 생성(자동), (3) 자율주행 ⇨ 무인 제초작업

- 레이저 센서(LiDAR) : 과수열, 장애물, 작업자 등 농작업 환경 인식

* 장애물 인식 및 회피: 라이다 활용 1.5m 이내 작업자, 수확 상자 등 장애물 인식 시 정지(정지정확도 93% 이상(1.5m 기준 10cm 이내 정지))

<주행경로 생성 및 경로 계획>

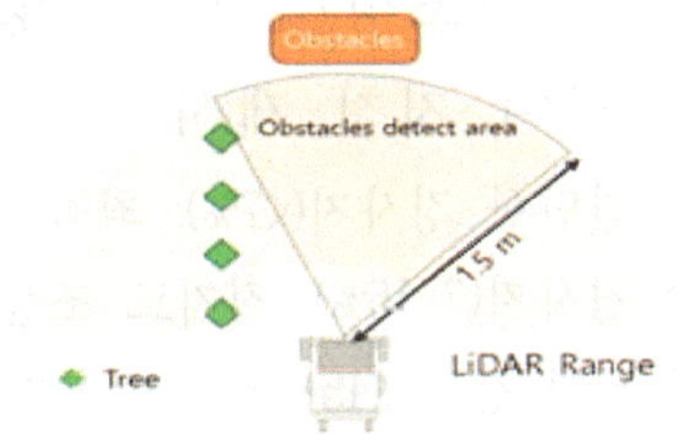

<레이저 센서 기반 장애물 인식>

- (운반로봇) 고정밀 GNSS, 레이저 센서 및 영상장치 활용 작업자 추종 기술 개발

· 레이저 센서 또는 영상장치를 활용한 작업자 인식, 일정 거리 유지

· (셔틀 기능) 고정밀 GNSS를 활용한 집하장 등 사전 설정 위치로 이동

* 동작버튼 누름 → 현재 위치에서부터 이동 경로 기준 경로 생성 → 무인 이동

* (자동복귀) 현재 위치 기준 마지막 작업 위치까지 이동

<작업자 추종 운반로봇 모습>

<영상 및 LiDAR 기반 작업자 인식 모습>

- (방제로봇) 고정밀 GNSS 기반 자율주행 및 약액 충전지 자동 이동

· (전동형 방제로봇) 로봇 전동화 및 고정밀 GNSS 기반 자율주행

* 주행 오차: ±10cm 이내, 완충 시 최대 5시간 가동, 전동화로 매연 및 소음, 진동 최소화

· 방제 작업 중 약액 15% 미만(왕복작업 불가) 시, 약액 보충지 자동 이동

* 현위치-보충지 간 자율 이동 → 약액 보충 후, 현위치 이동 → 작업 재개

✓ 로봇의 적용 환경(과수원) 조건은?

- (부지선정) 과원 후보지 및 상부 배후지의 산사태 위험도 사전 검토
  * 산사태위험 및 토석류피해예측지도를 이용한 필지별 산사태 위험도 확인
  ⇒ 산림청 산사태정보시스템(http://sansatai.forest.go.kr) 활용
- (과원조성)「과수토양 적성등급」기준 경사도를 4구간으로 구분하여 지침 제시
  * 완만한 경사지(<7%): 최적지로 조성에 제약이 없으므로 과종별 농업기술길잡이 준수
  * 경사지(7~15%): 적지로 조성에 큰 제약은 없으나 초생재배 및 관수시설 설치를 권장
  * 급한 경사지(15~30%): 조성 가능하나 기계 이용에 제약 있고 토양침식 예방 위한 조치 필요
  * 매우 급한 경사지(30~60%): 부적지로 등고선 재배 실시, 배수시설 등 치수관리 필수
- 전국 과원의 경사도별 조성 비율
  · 경사도 30% 미만(적지 및 가능지) 91%, 경사도 30% 이상(부적지) 9% 분포

경사도(%)	0~2	2~	7~15	15~30	30~60	60~100	>=100
과원비율(%)	11.6	25.3	37.1	16.9	7.0	1.7	0.4
과원 누적 비율(%)	11.6	36.9	74.0	90.9	97.9	99.6	100

* 기계화 가능 경사도 15% 이내. 로봇 적용 가능 경사도는 기계와 동일(74% 적용)

✓ 연구 결과의 활용 방안 및 앞으로의 계획?

- (신기술 시범 보급사업) 현장실증연구를 통한 로봇 활용 실효성 검토 후, 신기술 시범 보급사업을 통한 농업 로봇 보급·확산 → 농촌 인력 부족 해소 및 농작업 편이성 증대
  · (제초로봇) 2헥타르(ha) 이상 사과, 배, 복숭아 등 농기계 적용이 가능한 과수원 대상, 영농법인, 작목반 등을 통해 로봇 사용 시, 편이성, 애로사항 등 검증을 통한 로봇 기능 개선, 보완 후, 농가 적용
  * '25년 7개소(개소당 1대, 총 7대) 대상 수행

· (운반로봇) 다축재배 방식과 같은 미래형 과원에 적합한 작업자 추종 기술 시범 및 셔틀 기능 구현, 현장 적용 가능성 검토 → 이동 시, 전복이나 충돌 등 안전사고 여부, 연계 작업 검토

* '25년 5개소(개소당 3대, 총 15대) 대상 수행

· (방제로봇) 무인작업 최적화를 위한 약액 보충 기술 및 운반로봇 연계 약액 보충 기술 작업 효율성 검토를 위한 현장실증 수행 후, 신기술 시범보급 추진('26)

- (농업용 로봇 현장실증 지원사업) 농촌 주산단지 거점을 기반으로 정식·제초·방제·수확 등 재배 전주기에 대한 다수·다종의 로봇 융합 솔루션 실증·보급

· (과수분야) '23~'27년(5년)간 10억 규모의 과수원용 로봇을 농가 현장에 적용, 기술 안정성 향상, 농가 의견 반영을 통한 실효성 검증으로 조기 산업화 기반 구축

* 거창 사과('23), 옥천 복숭아('24) 대상 제초, 운반, 방제, 모니터링 로봇 등 투입

- 타 산업 분야와의 기술 교류 및 확장 적용

· (한국수자원공사) 정수장 주변 "스마트 녹지관리 기술" 도입 추진을 목적으로 현장 적용 시험, 시범 운영을 위한 업무협약 체결('24.5.31)

✓ 로봇에 대한 기대 효과는?

- (제초로봇) 과수원 내 무인 잡초 제거가 가능한 제초로봇을 통한 정밀농업 기술개발 및 핵심기술 확보

· 사과 이외의 과수인 배, 복숭아, 감귤 등에도 적용 가능한 유연한 로봇 기술 활용

· 과수원 로봇 제초기 효과 검증을 통한 실용화 촉진

· 무인 제초 기술을 통한 제초제 사용 최소화, 농기계 전복으로 인한 안전사고 예방

· 고역 농작업인 제초작업을 로봇이 대체하여 농기계 전복으로 인한 사고 방지 및 농촌의 고령화, 여성화로 인한 인력 대체, 여성 사용자도 손쉽게 사용할 수 있어 농작업 편이 제공 기대

- (운반로봇) 과수원 내 무인 이동 및 운반이 가능한 로봇 적용을 통한 정밀농업 핵심기술 확보
  · 다양한 과수원에서의 적용 가능한 다목적 주행 플랫폼으로써의 역할 수행(한 예로, 운반로봇 위에 방제장치를 장착하면 방제로봇이 될 수 있고, 아랫부분에 제초기를 달면 제초로봇으로 활용 가능)
  · 국내 농기계 및 로봇 적용 가능한 핵심 부품 개발로 부품 국산화율 상승
  · 농업인의 근골격계 질환 및 농기계 전복으로 인한 사고 예방
  · 고령화, 여성화로 인한 농촌 인력 부족을 로봇으로 대체하여 해결
  · 자율주행 제품화를 통해 최신 농업기계 매출 증대 및 고용률 향상
- (방제로봇) 자동화 기술 실용화를 통한 농업인 작업 부담 경감 및 편이성 향상
  · 방제로봇 전동화로 탄소 저감 및 농작업 효율 증가
  · 과원의 불규칙한 노면, 경사지 등 작업 시 발생하는 전복사고로 인한 사상자 최소화
  · 방제로봇-운반로봇 연계 작업을 통한 방제 작업시간 단축 및 작업 효율성 극대화

✓ 국내외 농업로봇 기술 및 개발 동향은?

- 지능형 농업 로봇 기술을 포함한 스마트농업 관련 선진국(미국, 유럽, 일본 등) 대비 미흡한 부분이 일부 있으며 이에 대해 국내 실정에 맞는 기술개발 및 지원 필요
  · (국외) 사물인터넷(IoT), 자율주행, 인공위성, 빅데이터, 로봇 기술 등 다양한 첨단기술을 접목 및 융합하여 농업에 활용하고 있으며 일부 상용화된 기술도 있음
  · (국내) 국내 농업의 노지 농업이 차지하는 비중이 크고 소규모·다품목 영농 위주인 특성으로 인해 기계화율 및 스마트농업 기술 개발이 늦어지고 있어 첨단농기계 개발 수준은 선진국과 격차 있음

<국외 농업로봇 관련 기술개발 사례>

기업	기술개발 사례	
John Deere	비전 센서를 이용해 잡초 위치를 탐지해 선택 방제가 가능해 평균 77%의 살충제 절감이 기대되는 최신 농업로봇(See & Spray Ultimate)	
Harvest CROO Robotics	딸기 수확, 등급 판정 및 포장까지 자동 처리 가능한 로봇을 개발하여 6명의 작업지기 동시에 수행하는 작업을 수행할 수 있으나 실용화 단계로 진행되진 못했음	
Kubota	KSAS를 출시하여 원격으로 다양한 작업 정보의 확인 및 관리 가능, 작업 이력 기록을 통한 다양한 데이터를 구축하고 관리하는 시스템	
Root AI	카메라와 3D 센서를 이용하여 데이터를 취득하고 인공지능 모델을 이용해 토마토, 오이, 딸기의 완숙 여부를 판정, 수확 적기의 과실을 수확하는 로봇	
Naio Technologies	RAAS는 농업 현장의 로봇화를 제공하는 비즈니스 모델로 미국에서의 성공을 바탕으로 국제적으로 시장을 확장할 계획을 하고 있음	
Faromatics	정해진 라인을 따라 이동하며 계사 내 육계의 상태를 모니터링하여 폐사된 닭의 여부, 개체의 밀집 상태, 성장상태 예측을 위한 여유공간 측정, 환경상태, 공기질, 소리 등을 측정하여 이상 발생 시 알람을 해주는 ChickenBoy를 개발	

2. 배

❑ 저장고 관리

○ 저장고 소독

- 저장고가 오래되어 균사체가 많은 곳에서는 물 솔질을 해서 균사체를 없애고 저장고 내 곰팡냄새가 저장물에 영향을 미치지 않게 청소하고 말린 후 살균소독제를 이용 골고루 살포 소독함

○ 온도관리

- 저온저장고 온도 센서는 최소 1년에 한 번씩 정기적으로 정확성을 검토하여야 함
- 센서를 얼음물에 2~3분 담가 놓은 후, 다시 2~3분 뒤에 바깥 판넬 온도 표시부에서 -0.5~+0.5℃ 사이에 나타나야 정확한 것이며, 만약 그 범주를 벗어난다면, 센서를 교체하거나 편차를 조정하기 위하여 전문가의 도움을 요청해야 함
- 이는 저온저장고 온도관리에서 매우 기초적이고 중요한 절차로서 최소한 저장 전에는 반드시 실행하도록 함
- 저장고 내 공기는 적절하게 유동이 되어야 하며, 그렇지 않으면 지점별로 온도 편차가 심하여 언 피해를 더욱 조장할 수 있으며, 과실 표면의 과습으로 인해 곰팡이 번식을 촉진함
- 저장한 과실이 얼게 되면 해동 후에 정상 회복이 어렵고, 상온에서 쉽게 부패하므로 저장고 내 온도가 0℃ 이하로 내려가지 않도록 유의해야 함
- 저온저장고 안은 온도분포가 불균일하므로 가능한 한 정확한 온도계를 두, 세 군데에 달아 놓아 수시로 점검해야 함
- 온도 센서는 저온저장고 전체를 대표할 수 있도록 공기가 잘 유동되는 곳에 작업자 눈높이에 위치하도록 하며, 벽체와 떨어져 있어야 함

- 유닛 쿨러에 얼음이 쌓이면, 저장고 내 온도가 떨어지지 않기 때문에 휴즈 등 관련 부속품을 곧바로 교체하고 수시로 확인해야 함
- 배 과실의 압상은 품질 악화에 치명적이므로 수확 및 적재 시에 압상과가 생기지 않도록 주의하도록 하며, 배 과실이 동결하지 않도록 하고 배 과육 온도가 0℃가 되도록 권장함

<히터 고장으로 유닛 쿨러에 얼음이 덮인 모습>

- 과실 상자는 통기구가 있는 것을 이용함
- 증발기 코일 주위 공기 온도는 영하로 내려가는 경우가 있으므로 유닛 쿨러에 의한 바람이 과실에 직접 닿지 않도록 함
- 저장고 내 덕트를 설치하여 냉각기 바람이 직접 닿지 않도록 해야 건조 피해를 줄일 수 있음
- 저장고 내 원활한 통풍을 위하여 팔레트와 벽 사이, 바닥 사이에 간격을 두어 환기가 잘되도록 함
- 적정한 적재량(75% 이내)을 유지함
- 적절한 청소와 관리를 통해 설치류나 곤충류의 피해를 막아야 함

○ 습도관리

- 배는 과실 자체 수분함량이 높을 뿐만 아니라 사과와 달리 과피에 왁스층이 발달 되어 있지 않아 과피를 통한 수분 증발이 상대적으로 빠르게 일어나므로 수분 손실에 특히 유의해야 함
- 배 과실 저장에 알맞은 습도는 약 90% 전후임
- 저온저장고는 습도 조절이 어렵기 때문에 건조 피해를 막기 위해 주기적으로 저장고 내에 물을 뿌리거나 작은 얼음을 뿌리는 것도 효과적인 방법이기도 함
- 바닥이 심하게 말라 있을 경우를 기준으로 주기적으로 물을 뿌려 줌

· 물 뿌림은 과실 입고 전 저장고를 깨끗이 청소한 후 실시하는 것을 원칙으로 함

- 배 과실 저장 중 스티로폼 망보다 종이에 싼 채로 저장하는 것이 건조 피해 방지에 도움을 줌
- 농가에서는 상자 하나하나를 비닐로 싸서 보관하는데, 이 또한 건조 방지에 도움을 주지만, 장기저장 시는 과습에 의한 피해를 받을 우려가 있으므로, 상자 내에 이슬이 맺히지 않도록 상단부를 열어놓아야 함
- 단 상자 안을 신문지로 싸는 경우는 상단부를 열어놓지 않아도 됨
- 비닐 내 이슬이 맺히는 상태가 지속되면 과습피해를 받아 판매가 어려운 상황을 만들 수도 있으므로, 기본 적재 방법과 적재량을 반드시 지키는 것을 원칙으로 습도관리에 임해야 함
- 유닛 쿨러에서 녹아 나오는 물은 저장고 내에서 오염된 것이기 때문에 밖으로 버리는 것이 바람직함

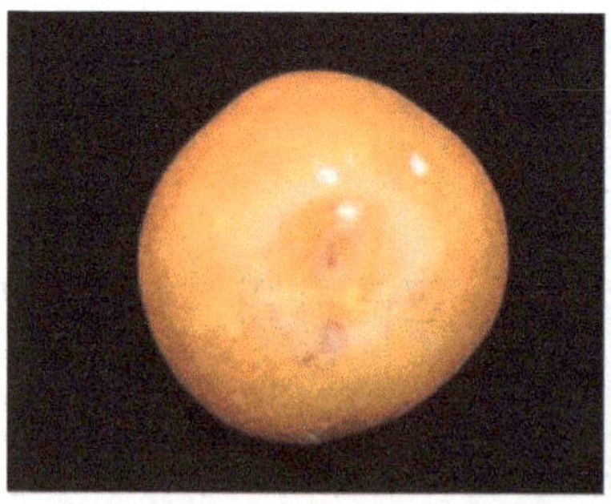

<과습 피해에 의한 과실의 얼룩과 및 부패과(저장 7개월)>

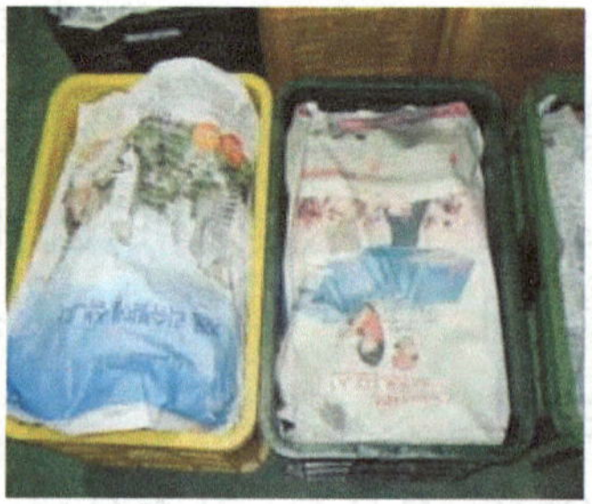

<건조 피해를 막기 위한 비닐 이용 및 신문이용 방법>

○ 에틸렌

- 에틸렌생성이 많은 사과 과실을 배 과실과 혼합하여 저장하면, 배 과실이 피해를 받기 때문에 혼합저장을 삼가야 함
- 서양 배는 에틸렌이 많이 발생하고 에틸렌에 대해 매우 민감하지만, 동양 배인 우리나라 배는 에틸렌이 많이 발생하지 않고, 에틸렌에 대한 민감도도 감, 참다래, 자두 등의 과실보다 매우 둔감한 편임
- 그러나, 장기적인 에틸렌 노출은 과심갈변 등 품질 저하를 가져올 수 있으므로, 적절한 적재 방법을 선택하고 주기적으로 환기해야 함
- 장기저장을 위해서는 단일 품종, 과종만 저장하는 것이 효과적임
- 대부분 과실은 상처 또는 병해충을 입거나 부적절한 환경조건으로 인해 스트레스를 받게 되면, 에틸렌 발생이 증가하고, 이러한 과실은 주위의 건전한 과실의 후숙을 촉진하여 저장력을 떨어뜨리므로 저장 시에는 상처과, 병해충과, 과숙과는 제외해야 함

○ 저장고 환기

- 저장 중의 원예산물은 살아있는 생명체로서 호흡을 하는데, 이때 발생하는 이산화탄소, 에틸렌, 휘발성 가스(향기성분) 등은 과실 저장에 해로운 요소로서 밀폐된 저장고 내에 장기간 축적되면 배 과실에 좋지 않음
- 저장고 내에 환기창을 설치하여 주기적으로 환기를 시켜주어야 하며, 환기창이 없을 경우는 외기온이 0℃에 가장 가까운 시간에 저장고 문을 열어 환기함
- 외기 온도가 0℃보다 낮으면 언 피해가 발생하므로 조심해야 함

❑ 밑거름 주기

○ 과수원 토양분석을 기초로 나무 상태, 수확량, 낙엽 상태, 가지와 눈의 상태 등을 관찰하여 증감하도록 함

- 최근 다수확과 대과생산에 주력하여 다비재배를 하는 경향이고 질소 비료의 과다 시용은 병해충에 대한 저항성 약화와 과실 품질을 떨어뜨리는 문제점이 되고 있음
- 밑거름은 단과지엽과 발육지엽의 생장에 가장 깊은 관계가 있는 비료로서 밑거름을 시용하였는데도 봄철 생육이 불량한 이유는 저온과 토양조건이 불량하여 뿌리 발달이 불량하기 때문임
- 따라서 될 수 있으면 시비 전 깊이갈이 및 배수로 개선 작업 등 토양개량 대책을 먼저 세우는 것이 좋음

○ 주는 시기
- 낙엽 직후부터 이듬해 2월 중순 사이의 휴면기에 주도록 함
- 사질토양이거나 수세를 강화하는 등을 목적으로 하는 과원을 제외하면 낙엽 직후부터 땅이 얼기 전인 늦가을부터 되도록 일찍 밑거름을 주는 것이 바람직함
- 특히 뿌리 활동이 시작되는 2월 중순 이후인 봄철 늦게 밑거름을 주는 경우 계분, 우분 등 유기물 분해가 늦어지고 거름 효과도 늦게 나타나 신초생장이 늦어지므로 과실비대가 불량하고, 과실 품질이 떨어지기 쉬움

○ 시용량
- 엽 및 토양분석 결과, 수세 진단에 따라 질소는 연간 시비량의 50~70%를 주며 퇴비 및 유기질 비료는 10a당 2톤 기준으로 주는 것이 효과적임
- 인산은 전량 밑거름으로 주는 것을 원칙으로 하나 최근 배 과원 토양을 분석한 결과 적정 함량 200~300ppm보다 높은 과원이 많았음
  · 가축분 퇴비에는 인산과 칼리 성분이 많으므로 유기물을 충분히 공급하는 과원에서는 인산 시용을 자제하는 것이 바람직함
- 칼리는 연간 시용량의 50~60%를 시용하고 과다 시용은 칼슘과 마그네슘 결핍을 조장하므로 금해야 함

- 석회와 고토는 전량 밑거름으로 되도록 땅속 깊이 고루 섞이도록 시비함
- 고토석회는 10a당 200~300kg 기준으로 시용함
- 석회 시용은 표면 시용에 비해서 깊이 파고 고르게 시용할수록 칼슘 흡수가 많음
- 강전정 및 착과가 적게 되었을 경우 질소질 비료를 줄여 수세 안정과 꽃눈 확보에 신경을 씀

〈배나무에 대한 시비 성분량〉

비료성분	수 령(g/주)									11년생 이상(kg/10a)	
	2	3	4	5	6	7	8	9	10	비옥지	척박지
질 소	80	120	180	240	320	400	460	520	500	20	25
인 산	40	50	70	100	130	160	180	210	240	13	18
칼 리	60	100	140	200	250	320	370	420	480	18	23

〈시기별 화학비료 나눠 주는 비율과 시기〉

시 기	구 분	질소 (%)	인산 (%)	칼리 (%)	석회·고토 (%)
휴면기 (11월 중순~2월 중순)	밑거름	70	100	60	100
5월 하순	웃거름	10	없음	40	없음
9월 하순(조・중생종), 10월 중순(만생종)	가을거름	20	없음	없음	없음

○ 시비 방법

- 나무 주위에 동심원형으로 골을 파고 비료와 퇴비 등을 주는 나이테형 시비법, 골을 방사상으로 파고 주는 방사형 시비법, 도랑으로 골을 파고 수는 도랑식 시비법, 과수원 전면에 비료를 주고 갈아엎는 전원시비법 등이 있음
- 유목기에는 뿌리 손상을 줄이고 비효를 높이기 위해 나이테식 혹은 도랑식으로 유기물과 함께 비료를 시용함

- 뿌리가 토양 전체에 분포된 성목원에서는 토양 전면에 비료를 뿌리고 경운하는 전원시비가 바람직함
- 그러나 여러 해 동안 과원을 심경하지 않고 전원시비가 계속되면 고속방제기(SS) 등으로 토양 물리성이 악화하며, 토양에서 이동이 어려운 인산, 석회, 유기물 등이 근군까지 도달하기 어려우므로 도랑식 등의 심경도 겸함

❑ 토양 물리성 개선

○ 방제기의 잦은 출입과 여름 장마로 인해 토양이 딱딱해져서 물빠짐이 나쁜 토양에서는 뿌리 발생량이 적고 양수분의 흡수가 잘 안됨에 따라 겨울부터 이른 봄에 걸쳐 물빠짐과 통기성을 개선할 필요가 있음

○ 암거배수와 심토파쇄

- 암거배수는 소형 굴삭기를 이용하여 유공관을 땅속에 묻어주는 방식임
  · 굴삭기로 파낸 부분에 자갈을 2~3cm 높이로 평탄하게 깐 다음 배수가 원활하게 이뤄지도록 배수로 쪽으로 경사를 두어 망사를 두른 유공관을 연결하고 그 위에 자갈이나 왕겨를 5~10cm 정도로 덮은 다음 흙으로 더 처리하여 평탄 작업을 하면 됨
- 심토파쇄는 늦가을에서 이른 봄 사이에 트랙터에 부착한 심토파쇄기를 이용하여 압축 공기로 토양에 균열을 유발하는 것임

○ 왕겨를 이용한 배수시설

- 열간 중앙 부위를 따라 도랑(명거 배수 부분)에 모인 모인 흙을 파내고 왕겨를 채워 주는 것이며 낙엽이 진 후부터 땅이 얼기 전 겨울철이나 이른 봄 뿌리가 움직이기 전에 트랜쳐(굴토기)를 부착한 트랙터를 이용함
- 배나무 너무 가깝게 설치하면 굵은 뿌리가 많이 잘려 나가 수세가 떨어질 수 있으며 트랜쳐를 부착하는 트랙터는 초저속 기능이 있는 트랙터를 사용해야 하며, 굵은 자갈이 많은 곳은 주의해야 함

3. 복숭아

❑ 밑거름(기비) 주기

○ 시비시기

- 복숭아 재배에서 거름을 주는 시기와 비율에 따라 밑거름, 웃거름, 가을거름으로 구분하는데 그 가운데 밑거름이 주체가 됨
- 밑거름은 뿌리의 활동이 시작되기 전에 주는 것이 좋으며, 보통 11월~12월 사이에 줌
- 비료분은 근균이 분포하는 부위에 도달하기까지 상당한 시일이 소요됨
- 복숭아에서 신초 생장이 왕성한 시기에 비료의 효과가 나타나면 나무가 웃자라고, 과실품질이 저하되며, 생리적 낙과를 유발하기 쉬우므로 비료 효과가 빨리 나타날 수 있도록 비료를 늦지 않게 주어야 함
- 분해에 오랜 시간이 걸리는 유기질 비료는 지온이 비교적 높은 초가을에 시비하는 것이 좋고, 화학 비료는 낙엽 후부터 땅이 얼기 전까지 시용함
- 만약 가을에 비료를 주지 못했을 때는 봄에 땅이 녹은 직후 가능한 한 빨리 주어야 함

○ 시비량

- 밑거름은 연간 시비량의 질소는 70~80%, 인산은 100%, 칼륨은 60%를 줌
- 효과적인 시비와 관리를 위해 토양분석을 의뢰하여 그 결과에 따라 주는 양을 결정하는 것을 권장함

❑ 토양수분 관리

○ 11월 하순까지 강우가 없어 월동 전 토양수분이 부족할 때는 관수를 권장함

○ 토양 건조를 방지하는 방법으로는 짚이나 멀칭재료를 깔아 줌

❑ 월동 병해충 잠복처 제거

○ 과수원의 낙엽, 쓰레기, 잡초 속에서 잎말이나방, 매미충류의 어미벌레가 잠복하여 월동하고, 흰가루병, 역병균 등도 낙엽 속에서 월동하여 이듬해에 병 발생 전염원이 됨

- 나뭇가지에 남아있는 봉지나 유인 끈과 과실 잔해 등도 월동병균 잠복처가 됨
- 이듬해 병 발생을 낮추려면 이들 병해충 잠복처를 제거하여 태우거나 땅속에 메워야 함
- 정상적인 수세를 가진 복숭아나무는 10월 상순부터 낙엽이 시작되는데, 나무가 낙엽이 시작되고 월동을 준비하면 병해충 역시 월동에 들어감

❑ 가을철 묘목 심기

○ 복숭아 묘목을 심는 작업은 가을철과 봄철 두시기에 작업이 가능함

- 가을 재식은 낙엽 후부터 땅이 얼기 전까지로 대략 11월 중순에서 12월 상순까지 임
- 겨울철 언 피해 우려가 적은 남부지방에서는 11월에 가을 재식을 겨울철에 날씨가 추워 동해 발생이 빈번한 지역에서는 묘목을 가을보다 봄에 심는 것을 좋음
  · 신규로 나무를 심을 때는 지역 기상 등 제반사항을 잘 알아보고 준비하여 적기에 식재

○ 가을 심기는 봄 심기보다 활착이 빠르고, 심은 후 생육이 좋으므로 겨울철 동해나 건조의 피해를 받지 않도록 관리를 잘해야 함

- 토양수분이 부족하다고 판단되면 월동 전 충분히 물을 주고, 짚이나 멀칭재료를 수관 하부에 깔아 건조해지지 않도록 관리함
- 묘목의 언 피해를 예방하기 위해서는 뿌리 주변을 흙으로 충분히 덮어 주고 볏짚 등으로 감싸야 함

4. 포 도

❑ 수확 후 포도원 관리

○ 포도 과실 수확이 끝나고 포도원을 등한시하면 갈반병 등이 발생하여 심하면 조기에 잎이 떨어지게 되고, 비록 조기 낙엽이 발생하지 않더라도 이 시기에 관리가 소홀한 포도나무는 광합성 기능이 대폭 저하되어 저장양분 축적에 매우 불리하므로 주의함

○ 수확 후는 신초 생장이 멈추어 있는 시기로, 생육기에 잎을 건전하게 유지하기 위해 정상적으로 병을 방제한 경우라면 잎의 앞뒷면에 살균제를 흠뻑 살포하면 1회 살포만으로 충분함

○ 생육기에 갈반병 및 노균병 등 병해충 발생이 심했던 포도원은 낙엽 후에 병든 잎 등 잔재물을 모아 안전한 곳에서 소각하거나, 매몰해야 이듬해 병해충을 효율적으로 관리할 수 있음

❑ 밑거름 주기

○ 밑거름은 낙엽 직후부터 이듬해 발아 전까지 휴면기에 주는 거름으로 휴면기에는 땅 온도도 낮고 건조한 시기로 비료 및 거름 등의 분해가 느리므로 가능하면 땅이 얼기 전에 줌

- 시비량은 품종, 수령 및 나무자람세 등의 여러 가지 조건을 고려하여 결정함
- 지상부가 휴면기일 때는 뿌리가 양분을 거의 흡수하지 않으므로 밑거름은 오랫동안 거름 효과를 나타낼 수 있는 지효성 거름인 퇴비 등을 주고, 부족한 양분은 화학 비료로 보충함
- 밑거름은 해빙 직후에 주는 것보다 일찍 주는 것이 거름의 분해를 촉진하여 양분의 흡수 이용률을 높임

❑ 생리적 휴면기

○ 휴면기는 잎이 떨어진 상태로 수확 전후 잎에서 만들어진 당분과 단백질이 가지 및 뿌리 등으로 이동해 축적됨

○ 당분은 대부분 전분 형태로 저장하는데, 겨울철에 외부온도가 0℃ 이하로 내려가면 전분 형태로 저장한 탄수화물을 자당 또는 포도당으로 전환함

- 가지에 축적된 20% 정도의 전분은 저온에 노출하는 시간이 길수록 1월부터 2월 중순에 5.0%로 감소하고, 자당과 포도당은 각각 7.0~8.0%로 증가함

○ 전분은 물에 녹지 않아 침전하므로 0℃ 이하에서 얼지만, 자당 및 포도당은 물에 녹아 0℃ 이하로 내려가도 잘 얼지 않아 내한성이 증가함

- 봄철에 온도가 다시 올라가면 전분으로 전환되어 저온에 대한 저항력이 떨어지는데 뿌리에서는 일어나지 않음

❑ 외관상 휴면기

○ 봄부터 가을까지 자란 가지가 낙엽기에 4/5 정도 목질화되면 겨울철 추위에 견딜 수 있는 상태로 되며, 뿌리는 낙엽 후에도 계속 생장하는데, 지온이 12.0℃ 이하로 떨어지면 새로운 뿌리는 발생하지 않음

- 포도 눈의 꽃송이 발달은 10월까지 이루어지고, 9월경부터 자발휴면이 서서히 깊어지면서 10월경에 가장 깊게 되고, 꽃송이 발달도 이때 일시 정지함
- 자발휴면 타파를 위한 저온 요구도는 품종에 따라 차이가 있으나 321시간(0~7.2℃)의 저온을 지나야 하고, 저온 요구도를 충족하지 못하면 외부온도가 올라가도 발아하지 않음

❑ 가을철 묘목 심기

○ 포도 묘목을 심는 작업은 가을철과 봄철 두시기에 작업이 가능하나 지역 기상 등 제반 사항을 고려하여 결정

- 가을에 심을 때는 지역에 따라 다르며, 11월 상순부터 12월 상순까지이나 가능한 한 빨리 심는 것이 좋음
- 가을에 심으면 다음 해 봄철 나무뿌리가 흙에 자리 잡아 새뿌리가 내리면 발아도 빠르며 생육에도 좋음

❑ 포도 생산 현황 및 재배형태별 소득 영향 요인

(영농활용: 2024. 국립농업과학원)

○ 배경

- 최근 포도 재배면적은 증가하는 추세지만 생산성 저하, 노동력 향상, 소득 감소 등으로 인해 친환경 인증을 포기하는 농가가 증가하고 있어 친환경 포도 인증 면적은 감소하고 있음
- 포도 생산 현황과 소득 영향 요인 분석을 통해 농가가 안정적으로 영농에 정착할 수 있는 소득화 방안과 방향성 제시가 필요함

○ 개발된 영농정보내용

- 국내 포도 품종별 재배면적, 생산량, 가격 등 생산현황
  - ‘샤인머스켓’ 재배면적 증가로 과잉 공급 및 가격 하락이 나타나고 있어 개원 및 품종 전환 시 ‘샤인머스켓’ 외에 경쟁력 있는 품종 도입 필요

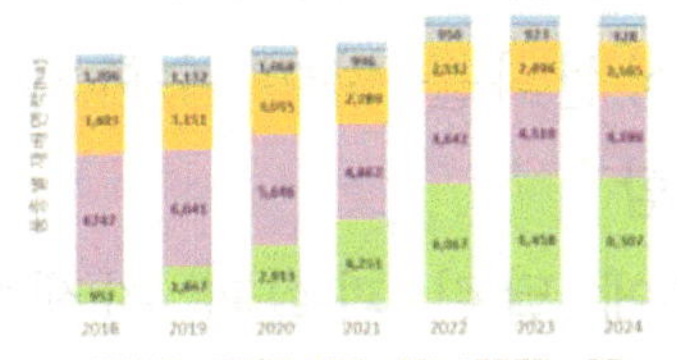

<품종별 재배면적 변화>

<포도 생산량 변화>

<포도 가격 변화>

- 포도 재배형태별 소득 영향 요인
  - 노지는 생산비에서 노동비(자가+고용) 비중이 높아 알솎기 최소화 등의 노동비 절감 기술, 품질 향상을 위한 병해충 저항성 품종 도입이나 기술을 적용하는 것이 소득향상에 효과적일 것으로 분석됨
  - 시설포도는 에너지 절감 등을 통한 경영비 절감 기술이 필요함

○ 파급효과

- 포도농가 경영분석을 위한 기초자료로 활용
- 농가에 적용할 소득화 기술 선발 및 개발에 기초자료로 활용

5. 감 귤

❑ 감귤나무의 생리 생태

○ 11월 상순: 과실의 발육이 완만하고 보통온주 착색이 진행되며, 뿌리 자람이 정지되는 시기

○ 11월 중순: 착색이 본격화, 과즙 중의 당도 증가

○ 11월 하순: 잎과 뿌리 활동이 저하되며, 보통온주 과중 최대기

❑ 완숙과 구분 수확

○ 온주밀감 수확시기는 당도를 기준으로 하며, 10월에 수상선과를 하고 수확기 기상예보를 참고하면서 계획적으로 수확함

- 수확 전에 당도와 산 함량을 조사하여 당도가 낮거나 산 함량이 높은 경우 완숙시켜 수확함
- 열매는 한 번에 전부 수확하지 않으며 11월 상순을 기준으로 소과(48mm이하), 대과(71mm이상)와 상처과는 수상선과를 하여 수확기에 노력을 절감하고 품질이 향상되도록 해야 함
- 과원 내에서 빨리 완숙되는 나무, 수관 외부에 달린 과실과 착색이 90% 이상 된 과실을 우선 수확함
- 수확 후 산 함량이 높은 과실은 저장 후 출하 함
- 수확시기가 늦어질수록 눈이나 한파가 올 수 있어 가능하면 12월 10일까지 늦더라도 해안지역은 12월 20일까지 수확해야 함
- 수확 후 저장고에 보관할 밀감은 수확 7~14일 전 적용약제를 살포하고, 수확 후 부패과 발생을 줄이기 위하여 다음 3가지를 수확 시 실천하도록 함

· 비가 온 직후나 아침 이슬이 있을 때 → 물기가 마른 뒤 수확

· 수확 가위로 상처가 나지 않도록 수확

· 열매를 딴 후 운반 저장 시 → 충격이 없도록 조심스럽게 취급

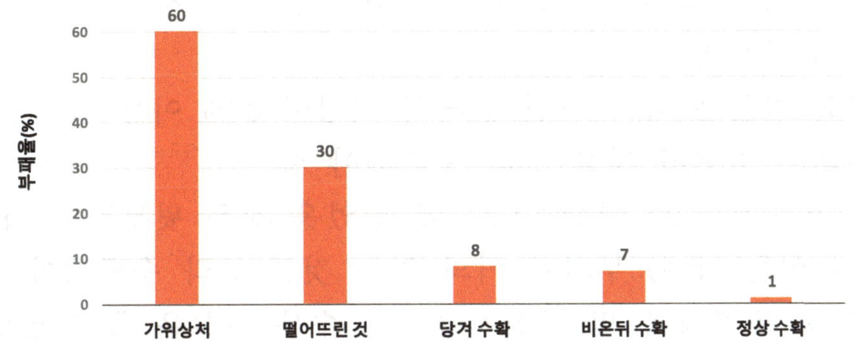

〈수확방법별 수확 1개월 후 부패율(제주특별자치도농업기술원)〉

❑ 예조처리

○ 감귤은 수확 후 과실 껍질에 수분함량이 많아 저장하기 전 건조처리가 필요함

○ 건조하면 과실의 신선도를 유지하고 오랫동안 저장할 수 있음

○ 예조로 과실의 호흡은 억제되고 부패과의 발생도 적어짐

○ 건조하지 않으면 수확 직후 과육에서 과피로 수분이 이동됨

○ 예조기간은 짧은 기간 내에 이루어지도록 하는 것이 좋음

○ 또한 과실 껍질의 수분이 저장고 안으로 증발하여 저장고 내 습도가 높아져 과실 부패가 많아짐

○ 부패를 줄이기 위해 감귤은 수확 후 예조를 반드시 실시함

- 예조목표 → 과중을 3% 정도 감량(수확 후 3~7일간 껍질을 약간 시들게)
- 예조장소 → 햇빛이 비치지 않은 서늘한 곳
- 저장고 준비 → 락스 등을 이용하여 저장고를 소독하고, 창문과 환기구를 열어 통풍을 좋게 하며 저장고 습도를 낮춰 건조시킴

❑ 수확 후 저장

○ 감귤 저장은 거두는 시기에 물량을 조절해 가격안정을 유지하는 매우 중요한 역할을 함

○ 감귤 저장을 효과적으로 하기 위해서는 우선 저장성이 있는 감귤 선택이 중요함

○ 저장용 감귤은 과피 표면 전체의 색상이 80% 이상 붉은 홍색으로 발현되어 착색된 것을 골라 수확해야 함

- 과실 비중은 1.04 이상으로(물에 넣었을 경우 윗부분이 약간 보일 듯 떠 있는 상태) 부피가 거의 없는 것을 골라 수확해야 함

○ 저장 중 호흡작용 및 증산작용으로 수분 손실은 물론 영양성분인 유기산과 당분의 손실로 인해 품질이 떨어지므로 이와 같은 생리적인 작용을 억제하기 위한 알맞은 환경조건 못지않게 저장용 감귤 선택이 중요함

○ 가장 적합한 저장 조건은 완전히 색깔이 든 감귤을 6~10℃, 습도 80~85%에서 2~3주간 예비처리 해 중량이 3~4% 줄어들도록 해서 저장함

- 이는 감귤껍질 표면 기공을 줄여 호흡작용 및 증산작용을 억제할 수 있기 때문임

- 저장온도는 3~4℃에서 습도를 85~90%로 유지해 주는 것이 좋으며 1℃ 이하에서는 언 피해를 입기 쉬워 위험함

- 저온저장을 할 때는 출고 후 저온유통체제에 의해 판매하는 것이 바람직함

- 출고 시 온도 차에 의해 감귤 표면에 이슬이 맺히는 일이 없도록 해 품질이 떨어지는 것을 방지하고 감귤 고르기, 포장 및 수송하도록 함

❑ 한라봉 등 시설 만감류의 재배환경 관리

○ 11월부터는 10~15일 간격으로 품질조사(당도와 산 함량)를 하면서 물관리를 하되, 토양조건, 품질에 따라 관수량을 조절함

- 관수는 소량으로 4~5회 하고, 가능하면 점적관수로 하고, 관수 후 환기를 시켜줌

○ 11월 상순 이후 녹화가 안된 가을순은 제거하여 화아분화를 촉진함

○ 11월부터는 보온 준비를 철저히 함

❏ 돈 주고 버리던 '감귤부산물', 새활용 자원화 모형 제시

(보도자료: 2024.11.14. 농촌진흥청)

○ 농촌진흥청은 감귤부산물의 고부가가치 소재 산업화를 위해 건조 효율을 높이고 기능 성분 추출을 극대화하는 기반 기술을 개발했다고 밝혔음

○ 국내 재배량이 많은 과일 중 하나인 감귤의 생산량 중 30%는 음료 등 가공용으로 사용됨

- 과즙을 짜낸 후 남은 과육과 껍질을 일컫는 감귤부산물(감귤박)은 매년 5~7만 톤 발생하며, 처리비용으로 연 15~20억 원이 듦

○ 감귤부산물에는 항산화, 항염증 등에 효과가 있는 헤스페리딘, 나리루틴 등 플라보노이드 성분이 풍부해 기능성 소재로 활용 가치가 큼

- 하지만, 당과 수분이 많아 건조 등 소재화 공정이 어려워 소재 산업화에 한계가 있었음

○ 이러한 어려움을 해소하기 위해 농촌진흥청은 감귤부산물의 건조 효율을 높이고 기능 성분 추출 기술을 개발함과 동시에 산업현장에서 다양한 용도로 자원이 순환될 수 있게 '감귤부산물 새활용 자원화 모형(모델)'을 제시했음

○ 연구진은 감귤부산물의 건조 효율을 높이기 위해 냉·해동 후 효소와 주정으로 처리하고, 열풍 건조하는 기술을 확립했음*

- 이는 열풍 건조(수분 50~54%)만 했을 때보다 수분 12% 수준으로 건조되는 유용 기술임

* 감귤부산물의 소재화를 위한 건조효율 증진 방법(10-2023-0186233, 특허)

○ 또한, 감귤부산물 유래 기능 성분 추출 기술*을 적용한 결과, 40%의 주정과 초음파를 동시 반복 처리했을 때 가장 많은 기능성 물질(헤스페리딘, 나리루틴)을 얻을 수 있었음

* 헤스페리딘 및 나리루틴의 함량이 증대된 감귤부산물 추출물의 제조방법 및 이에 따라 제조된 감귤부산물 추출물(10-2024-0080354, 특허)

○ 농촌진흥청은 감귤부산물 소재화 기술을 식품, 화장품, 펫푸드 등을 제조하는 산업체에 기술이전, 현장에 보급할 계획임

- 아울러 감귤부산물 자원화가 현장에 확산할 수 있도록 다른 농산부산물 관련 기술과 융합하여 현장 실증과제로 추진할 예정임

○ 이번 연구 결과는 2024년 11월 12일 제주에서 열린 국제감귤학회에서 발표됐음

- 제주국제감귤박람회에서는 감귤부산물 새활용 자원화 모형을 제시하고, 사료용 곤충 생산, 미용 소재 등의 관련 기술도 소개했음

○ 농촌진흥청 국립농업과학원은 "감귤박 새활용 자원화 기술은 지속가능한 자원 순환 사회 구축을 위한 기초자료로 활용할 수 있고, 환경보호와 경제적 가치 창출에도 기여할 것이다."라며, "앞으로도 부산물 자원화 연구와 관련 제도개선을 위해 민간 협력을 확대하겠다."라고 말했음

감귤부산물 건조효율 및 기능성분 추출 증진 기술 개발

1. 연구 배경

○ 감귤 일반현황

- 감귤은 국내에서 생산량이 많은 과일 중 하나로(Kim 등, 2021a), 매년 60만 톤 이상의 온주밀감이 생산되며(공공데이터포털, 2024), 이 중 30%는 가공용으로 활용되고 있음(Kim과 Sung, 2019)
- 가공용 감귤은 주로 착즙 후 주스로 제조되며 이때 착즙 후 남은 과육과 껍질 등으로 구성된 감귤부산물을 감귤박이라고 함 이러한 감귤박은 매년 생산량의 10%인 5~7만 톤가량 생성되고(Kim 등, 2023c) 처리비용도 연간 15~20억에 달함
- 현재 감귤부산물은 매립지 포화로 인한 산지 폐기 권고와 불법투기 문제 발생으로 인해 저장시설을 활용하여 자체 저장되는 상황임(RDA, 2022)

○ 감귤부산물 자원화 필요성

- 감귤부산물에는 플라보노이드 계열의 다양한 기능성분(헤스페리딘, 나리루틴 등)이 항산화, 항염증, 항노화 등 기능성을 나타내어 업사이클링 소재로서의 잠재성이 높을 것으로 예상됨
- 그러나 산업 소재화로 응용하는 데 다당류(펙틴, 리그닌, 셀룰로오즈 등)로 인한 수분 흡습, 단당류로 인한 끈적임으로 건조 효율이 저하됨에 따라 이를 해결하기 위한 기술이 필요한 실정임
- 따라서 감귤착즙 과정에서 생성되는 감귤부산물의 소재화를 위한 건조효율 증진 기술을 개발하고, 감귤부산물에 함유된 기능성분의 최적 추출 조건을 확립함으로써 업사이클링 소재로 감귤부산물 활용성을 확대하고자 하였음

2. 감귤 가공부산물 건조효율 및 기능성분 증진 방법

○ 전처리 방법

- 감귤부산물을 냉해동을 통해 1차적으로 수분을 제거하고, 상용화된 시판 효소(viscozyme + cellulase) 1% 처리 후 50℃, 습도 95%를 유지하면서 2시간 동안 반응함

- 효소 처리 후 주정을 감귤박의 4배 용량으로 4℃, 24시간 처리하여 열풍건조함
- 열풍건조기로 2시간 건조하였을 때, 21%의 수분이 제거된 반면, 전처리 기술(냉해동, 효소, 주정처리) 적용 후 건조를 통해 88% 수분이 제거되어 4배 이상 건조효율이 증진되었음

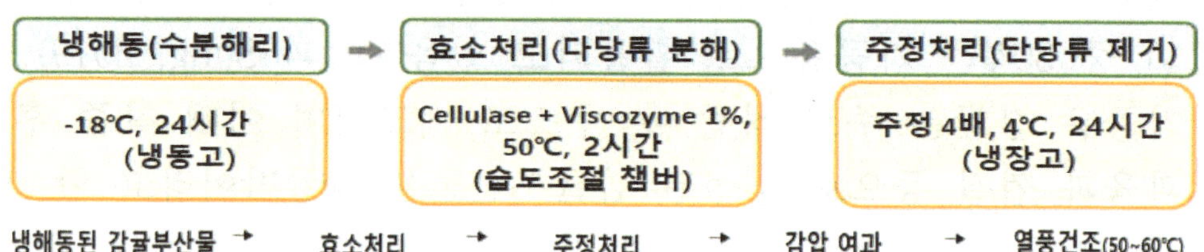

<감귤부산물 건조효율 증진을 위한 전처리 방법>

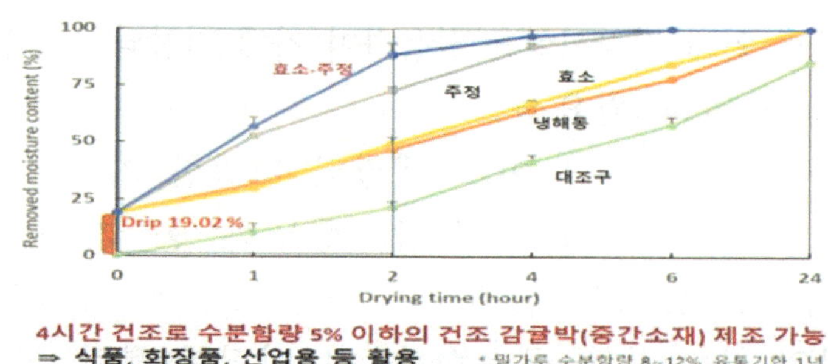

<감귤부산물 건조효율 증진 효과>

○ 기능성분 추출 증진 방법

- 감귤부산물의 기능성분 추출을 위해 40% 주정을 이용하여 80℃ 초음파 추출을 15분간 2회 반복하면 유의적으로 가장 높은 기능성분을 함유하고 있음을 확인하였음

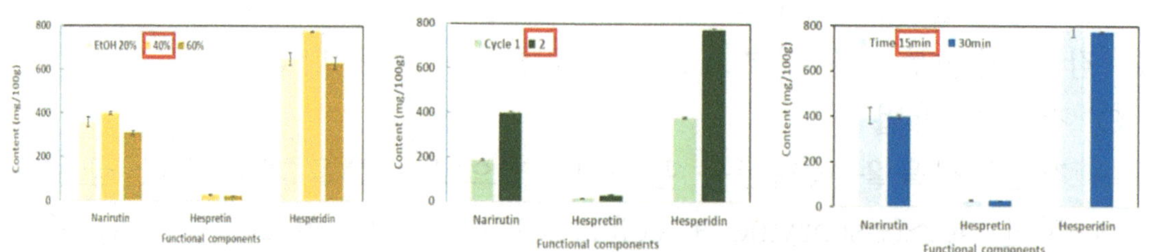

<기능성분 추출 극대화 방법(주정 40%, 초음파 80℃-2회, 15분)>

★ 최적 전처리+추출방법 기능성분 증진 효과

		Nobiletin (mg/100g)	Narirutin	Hesperetin	Hesperidin	Naringenin	Total
관행추출		2.00±1.06	178.84±9.54^{c}	38.03±1.89	284.06±21.63^{d}	12.62±0.62	515.55$^{d5)}$
전처리	무처리	ND	402.62±35.33^{b}	29.51±2.58	785.29±33.00^{c}	ND	1217.42^{c}
	냉해동	ND	438.69±21.23^{b}	31.91±6.46	883.04±45.55^{b}	2.63±1.03	1356.26^{b}
	최적 조건	ND	524.08±36.66^{a}	ND	1101.29±80.74^{a}	ND	1625.37^{a}
F-value			82.998***	3.341^{NS}	141.376***		108.952***

2.4배

3.2배

<감귤부산물 건조효율 증진 효과>

○ 기대 효과 및 활용 계획

- 감귤부산물의 자원화 및 경제, 환경, 지속가능성의 관점에서 필수적인 기초자료로 활용될 수 있을 것이고 나아가 다양한 과일박 건조기술 활용에 널리 쓰일 수 있을 것으로 사료됨
- 건조효율과 기능성분 추출을 증진시켜 산업적 활용이 가능한 소재화를 통해 기능성화장품 등 업사이클링 제품개발이 가능함

3. 감귤부산물 새활용 자원화 모형(모델) 제시

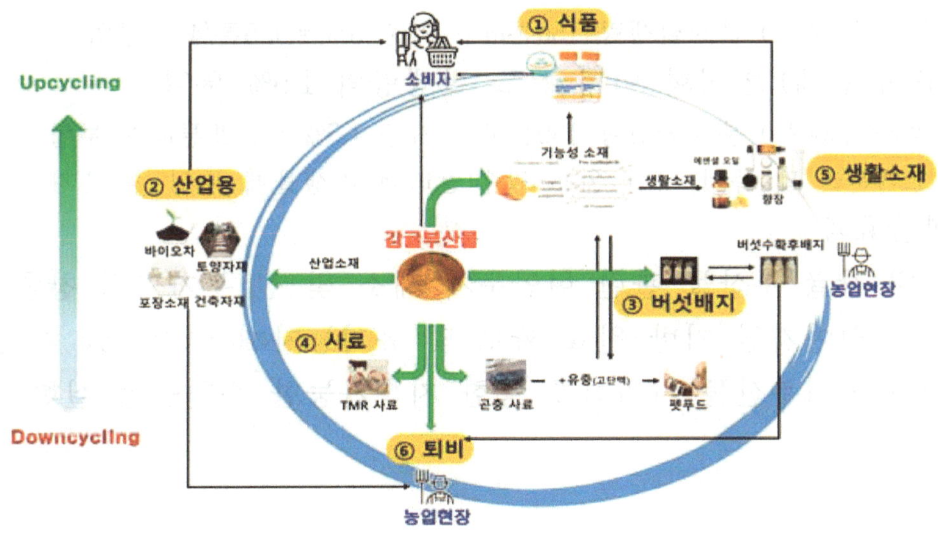

❑ 양돈장 악취 관리를 위한 감귤 탈리액 미생물제 투입 기준

(영농활용: 2024. 국립원예특작과학원)

❍ 배경

- (농업부산물) 감귤 비상품과 처리 관련 지역 현안문제 대두
- (자원순환) 감귤 폐자원의 산업적 활용에 대한 수요 증가
- (축산환경) 양돈 농가 인근 악취 발생에 따른 지역사회 갈등 해소 필요
- (필요성) 효율적인 악취관리를 위한 감귤 탈리액 미생물제 투입기준 확립 필요
- (목적) 축산 악취저감을 위한 감귤 탈리액 미생물제의 투입 기준 매뉴얼 제공

❍ 개발된 영농기술정보

- 악취저감제 투입 기준
  - · (우점 단계) 분뇨 저장조 용량 기준 총 3% 투입(4주)
    - * 분뇨 저장조 1,000톤 기준, 4주 간 30톤 투입
  - · (안정화 단계) 분뇨 발생량의 3% 투입(8주)
    - * 농가(1,000두) 분뇨발생량 150톤/4주 기준 3% = 4.5톤/4주 투입
  - · (유지 단계) 안정화 이후 분뇨 발생량의 1.5% 투입
    - * 농가(1,000두) 분뇨발생량 150톤/4주 기준 1.5% = 2.25톤/4주 투입
    - * 고액분리 및 폭기 시설 운용 필수(탈리액 미생물제 투입 후 폭기)

❍ 파급효과

- 국내 감귤 부산물 관련 현안문제 해소 및 신 부가가치 창출
- 농업 잉여자원 기반 원료 확보 및 유기농자재 안정수급 기여
- 국내 농업부산물 자원화를 통한 지속가능한 순환농업 실현

6. 단 감

❑ 만생종 수확

○ 11월은 ‘부유’ 품종의 비대·생장·착색과 동시에 수확이 이루어짐

- 단감 품질 등급은 과중과 과피색으로 결정되므로 서리피해 염려만 없다면 수확시기를 늦출수록 높은 등급의 과실 생산이 가능함
- 수확은 맑은 날 아침이슬이 충분히 마른 오전 10시 이후에 작업함
- 감의 표피는 큐티클이란 얇은 층이 있어 상처 나기 쉬움
  · 수확과 운빈, 선과 작업 시 상처가 발생할 수 있으므로 과실을 취급할 때는 항상 조심하여야 함
  · 재배 중에 발생한 상처는 코르크가 형성되어 치유될 수 있지만, 수확 시 발생한 상처는 치유할 수 없으므로 저장 중 곰팡이의 침입으로 저장병을 일으키거나 흑점을 발생시켜 상품성을 떨어뜨림
- 수확한 과실은 병해충 피해과, 기형과, 상처과, 생리장해과 등을 철저히 선별함
- 선별기를 이용하여 크기, 색택, 당도별로 선과하여 각각 등급별로 포장

❑ 저장장해 방지기술

○ 저장장해의 유형

- 저장장해는 저장 중 품질의 저하는 물론 양적인 손실을 초래하여 경제적인 손실로 직결됨
- 손실을 일으키는 모든 현상을 저장장해로 볼 때, 장해를 일으키는 원인별로 크게 네 가지로 나뉨

○ 취급 부주의에 의한 기계적 손상

- 생산물의 표피가 상처를 입거나 찢기거나 눌려서 멍이 드는 등 물리적인 힘으로부터 받는 모든 장해를 포함함

· 수확, 선별 과정에서 선별기계나 작업도구에 의해 직접적인 상처를 입는 손실, 과일과 과일, 혹은 과일과 상자의 표면 마찰에 의한 손실, 포장 상자나 적재 용기 내에서 물리적인 힘에 의해 발생하는 압상, 출하 수송 시의 진동에 의한 장해 등 다양한 손실이 있음

- 기계적 손상은 저장 중에 일어난다기보다는 저장 전 요인에 부주의한 취급과정에 의해 유기된 장해라고 할 수 있음

· 기계적 장해를 받으면 흑변 및 갈변현상이 일어나서 외관이 상하고, 상처 부위로부터의 수분 증발이 심하여 수분손실이 많아지며, 부패균의 침입이 쉬워 쉽게 썩음

· 멍이 들면 내부 세포의 막이 괴되고, 세포질이 산화되면서 갈색으로 변하게 됨

○ 저장 온도에 따른 장해

- 낮은 저장 온도에 의한 장해는 저온장해와 동결장해로 구분함

· 저온장해(chilling injury)란 저온에 민감한 과실이 0℃ 이상의 얼지 않는 온도에서도 한계 온도 이하의 저온에 노출될 때, 조직이 물러지거나 표피 색깔이 변하는 증상을 말함

- 저온장해와는 달리 동결장해는 과실이 빙점 이하의 온도에서 조직의 결빙에 의해 나타나는 장해를 말함

· 작물의 결빙온도는 작물 종류나 재배 또는 저장조건에 따라 다르나, 대략 -2℃ 이하에서는 조직의 결빙에 따른 동해가 나타남

- 일반적으로 가용성 고형물의 함량이 많을수록 빙점강하의 결과로 동결점은 낮아짐

· 예를 들어 포도 과실은 당도가 높아 0℃ 이하에서도 동해를 입지 않지만, 수분이 많은 줄기 부분은 조직의 결빙으로 인해 마르기 쉬움

· 동해의 정도는 온도와 노출시간에 따라 다르게 나타나며, 과실이 얼었어도 이후 점진적인 해동이 진행되면 눈으로 보기에는 장해 현상이 나타나지 않는 경우도 많음

○ CA 및 MA 관련 저산소와 고이산화탄소 장해

- 과실의 저장 기술은 크게 일반 저온저장과 controlled atmosphere (CA) 저장으로 나눌 수 있는데 저온저장이 저장고 내 온도를 낮게 유지하는 반면, CA 저장은 온도뿐 아니라 저장고 내의 산소와 이산화탄소 농도를 조절하여 저장 중인 상품의 품질 변화를 최소화하는 기술임
- Modified atmosphere(MA) 저장은 이러한 CA 저장의 초기투자 부담이 없으면서 플라스틱 필름 등으로 상품을 포장함으로써 비교적 간편하게 CA효과를 내는 저장 방법을 말함
  - MA 기술은 저장뿐 아니라 수확 후의 품질변화가 심하게 일어나는 채소나 최소 가공식품의 유통기간 중의 품질 유지와 손실을 줄이기 위해서도 효과적으로 사용되고 있음
  - PE 필름 백에 담아 저장하는 부유 단감의 저장방법이 MA 포장 저장의 대표적인 예라 할 것임
  - CA 혹은 MA 저장장해는 이러한 저장기술을 적용할 때 저장환경이 부적합하거나 과실의 생리적 특성과 맞지 않을 경우 일어나게 됨
  - MA 저장과 관련된 장해로는 저산소 장해, 이산화탄소 장해 및 이 두 요인에 의한 복합장해 등이 있음
  - 단감을 포함한 사과, 배 등 과실과 대부분 원예생산물은 산소 농도가 너무 낮거나 이산화탄소 농도가 높아지면 과피의 변색과 과육의 갈변 및 조직의 수침과 붕괴 등 장해현상을 보이는데 이러한 장해를 CA 장해 혹은 MA 장해라 함

○ 미생물에 의한 저장 병해 등 기타 요인에 의한 장해

- 저장 중 기타 피해 요인으로는 곰팡이나 세균에 의해 저장 병해의 발생이나 과실 내에 칼슘이나 붕소 등 특정 영양성분의 부족 혹은 과잉 등에 의한 영양불균형에 의해 장해가 일어나는 경우가 많음
  - 경우에 따라서는 수분 스트레스, 과실의 노화가 진행됨에 따라 나타나는 에틸렌 관련 장해현상이 있음

❏ 저온 저장고의 온도 관리

○ 적재 공간 조정 및 적재율

- 저온 저장고 내의 온도 분포를 고르게 하기 위해서는 냉각기에서 나오는 찬 공기가 저장고 전체에 고루 퍼져나가야 함
- 저장고 바닥은 물론 용기와 벽면 사이, 천장 사이에 공기 통로가 확보되도록 적재해야 한 팔레트 적재나 선반식 적재방식에서는 바닥 면에 이미 적정공간이 형성되므로 별문제가 없으나 적재 팔레트와 벽면, 천장 사이는 충분한 여유를 두는 것이 좋음
- 일반적으로 중앙 통로 50cm, 팔레트와 벽면 및 팔레트 열간 30cm, 천장으로부터는 50cm 이상의 바람 통로 공간을 확보함
- 이러한 바람 통로를 확보한 경우 단감을 비롯한 과실의 저온저장고 적재 용적률은 60~65% 수준을 보이게 됨

○ 온도 설정의 기준

- 저장 온도는 단감의 호흡작용, 곰팡이 세균 등 미생물의 번식과 밀접한 연관이 있음
- 단감을 포함한 과실이나 채소 작물의 저장 중에 발생하는 노화성 연화 장해는 저장 온도가 높을 때 급속히 진행되므로 이를 억제하기 위해서는 정확한 온도 관리가 필수적임

단감 적정온도 및 습도 범위		동결온도(℃) (동결이 일어나는 가장 높은 온도 범위 기준)
온도(℃)	습도(%)	
0~-1(±0.5)	90	-2.1

- 저장고 내의 온도 기준을 어디에 둘 것인가를 결정하여 작물에 따른 적정온도를 유지해 주어야 함
- 저장고 내에 위치별로 온도계를 부착시켜 저장고내의 온도분포가 균일하게 유지되는가를 점검해 보면 송풍기 용량의 적합성이나 생산물 적재방식이 적절하게 이루어져 있는지를 알 수 있음

- 송풍기에서 나오는 공기의 온도와 저장고를 순환한 후 송풍기로 되돌아 가는 공기의 온도 차이를 비교하면 저장고 내에서 환류가 제대로 일어나는지 아니면 일정한 부위에 찬 공기가 정체되는지의 여부도 알 수 있음
- 가장 정확한 온도는 저장하고 있는 단감의 적정온도를 확인하는 방법임
- 단감 과실 안에 온도계를 꽂아 생산물의 실제 온도(품온)을 확인하여 저장고 내 온도를 조절하는 것이 가장 안전함
- 수시로 저장고에 들어가서 온도를 확인하기는 어려우므로 출입구에 샘플을 정해두고 확인하면서 저장고 내 공기의 온도와 생산물의 품온과의 관계를 확인하여 경험적으로 온도를 설정하는 지속적인 관찰과 조정이 필요함

○ 온도 변화(편차)의 범위

- 저장고 내 온도는 설정온도에서 ±0.5를 벗어나지 않는 선에서 조절되는 것이 바람직하며 저장온도를 -1.0℃라고 할 때는 실제로 ±0.5℃의 편차를 고려하여 -0.5~-1.5℃ 범위에 있도록 해야 함
- 저장기간 중에는 가능하면 단감이 얼지 않는 수준에서 온도를 빙점 온도 부근까지 떨어뜨리게 되는데 이러한 빙온 저장 시에는 더욱 좁은 범위의 온도조절 개념이 필요함
- 적정온도보다 낮은 저온은 저온장해나 동해를 일으키지만, 적정온도보다 높은 온도는 저장기간을 단축시킴
- 저장고 내 온도 분포를 보면 냉각기 바로 앞은 저장고 내 가장 온도가 낮은 위치이므로 이곳의 온도가 단감의 동결점보다 낮으면 동해를 입게 됨
- 냉각기 앞으로 불어나오는 바람의 온도는 동결점보다 높아야 하고, 저장실 중앙 및 냉각기 반대편의 온도 차이가 1℃가 넘지 않도록 온도 분포가 이루어져야 함

- 저장 설비의 오류, 냉장용량 부족, 과다 적재로 인한 공기 통로 부족, 온도관리 부주의 등으로 온도편차가 커지면 과피흑변 등의 장해가 발생할 위험성이 높아짐

❑ 단감 신품종 '감풍'의 시장진입 전략 수립

(영농활용: 2024. 국립원예특작과학원)

❍ 배경

- 새롭게 개발되는 신품종에 대한 소비자 니즈 분석을 통해 보급초기 신품종 시장진입 전략 설정 필요
- 단감의 소비트렌드 분석을 통해 품목별 R&D 방향성 제시
- 직거래를 통해 농가수취가격을 높이는 전략 필요

❍ 개발된 영농정보 내용

- 단감 신품종 '감풍'에 대한 소비자 평가

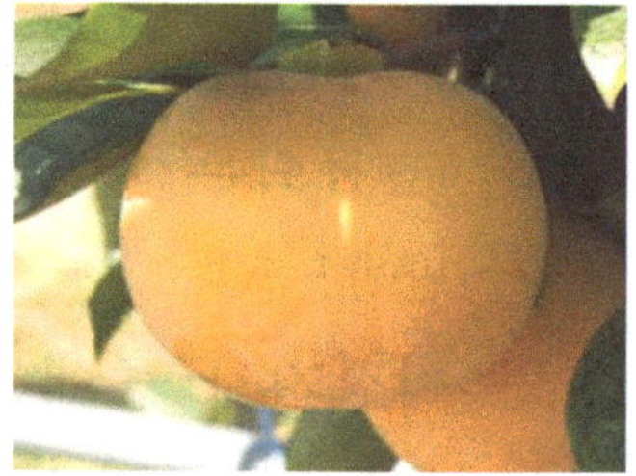

  · (맛) 당도는 매우 높은 수준으로 평가, 과즙과 조직감에 대한 평가 긍정적
  · (외형) 크기·모양·색에 대한 평가 모두 매우 우수하나, 경도가 다소 아쉬움
  · (품종정보) 소비자는 '감풍' 대해서 긍정적으로 인식하고 있음
  · (포장) 포장 용량은 2.5kg로 만족도가 높음
- (구입 의사) 응답한 소비자 중 91.2%가 구입할 의사를 밝힘
  · 구입 이유는 '단맛이 좋음(48.4%)', '선물용(21.5%)', '평소 먹던 단감과 달라서(18.3%)' 였음

* '감풍': 열매 품질 우수, 대과종(400g), 당도 15°Bx, 생리장해가 없고 상품과율 70%, 만생종(숙기 10월 중순~11월 상순)

❍ 파급효과

- '감풍' 마케팅지원을 위한 유통인 홍보 자료 활용
- '감풍' 소비자 평가를 통한 보급 초기 시장진입 전략 수립

Ⅲ. 화 훼

1. 국 외

❑ 직삽 재배법

○ 스탠더드 정운의 직삽재배

- 직삽(直揷) 재배란 본포에 직접 삽목하여 그대로 재배하는 방법으로서 생력 효과가 기대되고 있는데 그 이점은
  ① 삽목 작업이 생략됨(삽목에 필요한 노동력, 시설 및 경비 절감)
  ② 정식 작업에 필요한 노동력 절감(발근묘 정식 50%)
  ③ 정시 후 관수 작업을 생략할 수 있음(PE 피복 기간)
  ④ 생육의 균일도가 좋게 되는 등, 생력화와 경비 절감을 동시에 도모할 수 있는 대단히 매력적인 기술로 보급되고 있음
- 직삽재배는 삽수를 본포에서 발근시키므로 관행재배보다 초기 생육이 약간 지연되지만, 생육 후반이 되어도 초세가 떨어지지 않으므로 수확 시의 줄기 길이는 관행재배와 거의 동일함
- 삽수의 준비
  · 삽수는 6㎝ 정도로 조제하고 발근 및 활착을 좋게 하려면 2~3℃에서 5주간 냉장함
  · 냉장 전에 IBA 0.5% 분제를 처리하면 발근수가 증가함
  · 5주간 냉장의 발근 상황을 보면 발근제 처리와 6㎝ 조제 처리 시 삽목 1일 후 발근을 개시하지만, 미조제(7~8cm 삽수를 냉장 후 삽목 시 6cm로 조제)한 것은 발근 개시에 5일이 소요 되었음
  · 냉장한 삽수를 직삽하기 전날 출고하여 삽수의 잎을 3~4매로 조정하고 이때 삽수 기부를 다시 자르면 안 됨
  · 발근제 처리는 삽목전에 옥시베른 액제 200배액에 삽수 전체를 순간 침지하년 더욱 발근 활착이 촉진됨
- 포장의 준비, 직삽과 그 후의 관리
  · 기비는 직삽 전에 또는 당일에 질소 성분으로 10kg/10a을 투입하고 경운, 정지함

· 삽수는 발근묘 정식과 같은 간격으로 기부가 상처받지 않도록 직삽하고, 삽수와 흙 사이에 공간이 없도록 가볍게 눌러주고 직삽 후 충분히 관수함
· 관수량이 적으면 발근 활착이 나쁨
· 입고병 발생이 예상되는 포장에는 리조렉스수화제 1,000배액을 10a당 3,000L 관주함
· 3월 하순 이후는 필름 내부가 고온이 되기 때문에 차광커튼 또는 흑색 한랭사를 쳐서 순화시키고, 직삽 7~10일 후 PE 필름을 제거함
· 한랭사는 2주 정도에서 서서히 제거하며 외부온도와 습도에 순화시킴
· 이후의 관리는 관행재배에 준함

❍ 수방력의 직삽재배
- 수방력의 발근은 발근제 처리로 뿌리 수는 증가하나 발근 개시일 단축에 대한 효과는 거의 없고, 냉장에 의한 발근수 증가 효과도 없음
- 또한 고온기의 발근 불량에 따른 활착, 생육의 균일도 저하가 문제가 됨
- 직삽재배는 본포 재배기간이 발근묘 정식 재배와 같아 육묘 기간이 단축되고 삽목, 발근묘 취급 작업이 필요 없음
- 또 정식 작업 시간의 단축 등으로 무적심재배에서는 약 50시간이 절약되기 때문에 금후 더욱 보급이 기대되는 기술임

❍ 스프레이 국화 직삽재배
- 직삽의 이점과 과제
· 스프레이 국화의 무적심 재배에서 4만 5,000본/10a을 정식하면 육묘 및 정식에 요하는 작업 시간은 138시간이지만 직삽재배에서는 73시간으로서 65시간의 생력화가 가능함
· 직삽재배는 스탠더드 국화를 중심으로 보급되고 있는데 스프레이 국화도 보급률은 낮지만, 증가할 가능성이 높음

- 삽수 준비
- 삽수는 냉장고에 저온 보관하는 경우가 많은데 모주에서 채취한 후 보존 중의 부패를 방지하기 위해 약간 건조시킴
- 장기 저장은 30일 이내로 보존하고, 냉장고에서 나온 삽수는 1~3분 정도 침지한 후 습한 신문지에 싸서 30분 정도 두면 삽수가 경화됨
- 장시간 침지하면 특히 고온기에는 잎이 부패함
- 침지하는 물에는 살균제와 발근제(냉장 전에 발근제를 처리하지 않은 경우)를 혼합

- 직삽과 그 후의 관리
- 직삽은 삽수 기부 2㎝ 정도를 토양에 꽂음
- 토양이 부드러우면 바로 꽂을 수 있어 작업성이 좋음
- 정식 시에는 차광하여 시듦을 방지하고 충분히 관수한 뒤 PE 필름이나 부직포를 피복함
- 관수 후 입고성병의 발생을 방지하기 위하여 적용 살균제를 관주 (2~3L/m^2)
- 겨울철에는 저온이고 일사량이 약하기 때문에 차광은 필요 없음

- 수분 관리
- 정식 직후에는 충분히 관수하여 활착을 촉진 시켜야 함
- 어린 묘가 활착이 되어 자라기 시작하면 수분을 다소 줄여주어 토양 표면을 건조시켜 흰녹병 발생을 억제할 수 있음
- 심한 건조와 과습(또는 침수)은 절화 수명을 나쁘게 하고 하엽을 고사시키는 등 장해가 발생
- 과습은 흰녹병, 건조는 응애 발생을 유발하며, 특히 화아분화기의 과습은 꽃눈의 형성을 억제하므로 사전에 관수량을 조절해야 함

- 온도 관리
- 국화의 온도 관리는 품종이나 작형에 따라 달라지나 정식 시에 13℃ 정도로서 활착을 시킨 다음 12℃에서 영양 생장을 시킴

· 특히 화아분화기 5일 전부터는 온도를 높게 관리하여 꽃눈 형성을 순조롭게 해야 하고 화아분화가 완료되면 점차 온도를 낮추어 줄기를 경화시키고 식물을 튼튼하게 함

· 착색기 이후에도 다소의 온도가 있어야 정상적인 화색 발현과 개화가 가능함

· 전조 억제 재배에서는 9월 이후의 온도 관리에 유의하여 로제트가 발생하는 일이 없도록 해야 함

- 적심

· 정식 10~14일 후면 완전히 활착하므로 적심을 하여 측지를 발생시킴

· 뿌리가 제대로 활착되지 않은 상태에서 적심하면 측지 발생이 늦고 균일하지 못함

· 약한 적심은 정단부의 미전개엽만 제거하는 방법으로 적심 후 발생하는 측지의 균일도는 매우 높으므로 국화의 적심은 대부분 약한 적심을 하게 됨

- 네트 설치와 가지 고르기

· 적심 후 바로 네트를 설치하고 식물이 자람에 따라 위로 올려 주어 최종 높이가 지상 50cm 정도에 위치하도록 함

· 적심 후 가지가 발생하여 자라면 충실하고 균일한 가지만 남기고 나머지는 제거함

· 6줄 심기의 경우 내부에는 일조 부족, 통기 불량 등 환경이 좋지 못하므로 주당 2본씩, 여건이 좋은 외부 통로 쪽은 3본씩 남겨서 생육이 균일하도록 재배함

❑ 고온기 국화 직삽재배 성공률 상승을 위한 전처리 시 발근제 처리 방법 개발

(영농활용: 2022. 충남농업기술원)

○ 배경

- 인건비와 농자재값 상승으로 인해 직삽재배 방법 활용 농가 증가하는 추세임

- 고온기 국화 삽수 절단부의 캘러스 형성 및 부정근 발생 촉진을 통한 직삽재배 성공률을 상승시키기 위해 전처리 시 발근제 처리 방법 개발

○ 개발된 영농기술정보

- 삽수 채취 후 정단부로부터 길이 8cm, 완전 전개엽 4매가 되도록 조제한 후 저온저장고(3±1℃) 10일 동안 보관함
- 저장한 삽수를 살균제 1,000배와 발근제를 혼합한 용액에 10초 침지한 후 투명 비닐로 밀폐하여 전처리를 7일간 지속함
  · 스프레이 국화 '예스루비' 품종은 전처리 시 발근제로 IBA 40mg·L-1, '예스홀릭'과 '펄키스타' 품종은 IBA 500mg·L-1에 살균제 1,000 배액을 혼합하여 10초 침지 후 전처리함
- 전처리실 환경조건
  · 온도 20℃, 습도 60% 이상, 광조건 1,000$\mu mol\cdot m^{-2}\cdot s^{-1}$이상
- 삽수를 토양에 직삽하여 투명 비닐로 밀폐한 뒤 점적관수를 하여 습도가 80% 이상이 되도록 재배해 주고, 심은 날로부터 5~6일 후 발근이 완료되면 일반 재배 방법에 준하여 관리
- 삽수 전처리 시 발근제 처리의 발근 효과

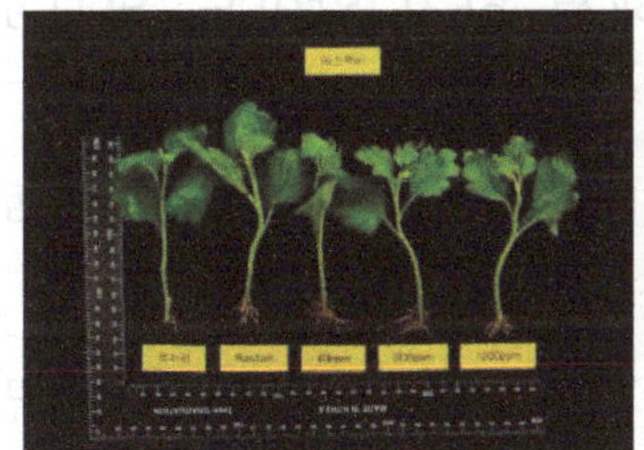
<예스루비>

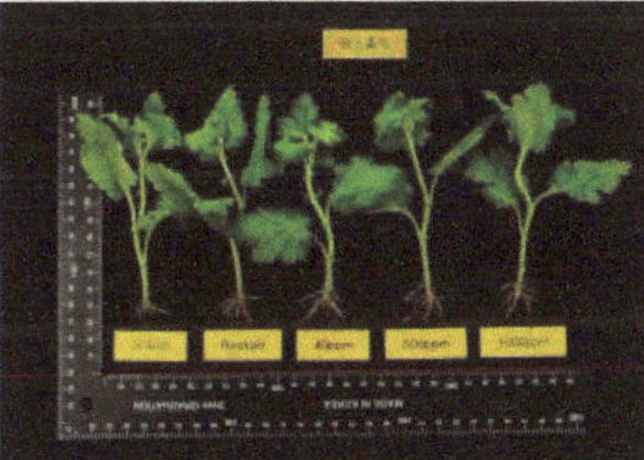
<예스홀릭>

<펄키스타>

○ 기대효과

- 고온기 재배기간 약 2주 정도 단축 가능하고 삽수의 뿌리 활착 증진으로 연중 균일한 절화 국화 생산 가능
- 육묘 생산 기간 단축으로 노동력 및 농자재 구입 비용을 50% 이상 절감 가능

2. 장 미

❑ 장식 소재로의 이용

○ 건조화

- 건조화 장식은 오래전부터 집안의 피아노 위, 협탁, 창틀 등에서 장식용품으로 주로 생화를 구하기 어려운 겨울에 활용 되어 왔음
- 일반적으로 건조장식을 할 때는 생화의 특성이나 품질기준에 맞추어 건조소재를 다루게 되면 실망하게 되는데, 이는 일반적으로 건조소재의 특징은 생화와 같은 자연적인 색상과 형태를 가지고 있지 않으며 칙칙하고 생명력이 느껴지지 않는다는 것임
- 따라서 건조소재를 생화 소재에 대한 대립되는 소재로 평가하지 말고 단점이 아닌 장점을 살릴 수 있는 장식을 해야 함
- 건조소재는 수년간 지속되므로 경우에 따라서 생기는 표면의 먼지를 제거하거나 소재 자체를 교체해 줄 수 있음
- 이러한 지속성은 소비자들로 하여금 생화 소재를 구입하지 않게 하여 비용을 절약할 수 있게 함
- 또한 생화 장식처럼 1~2주에 한 번씩 반복해서 하지 않아도 되므로 꽃장식이 취미가 아니라면 시간도 절약할 수 있게 함
- 이 외에 물이 새지 않는 용기가 필요 없고 물을 사용하지 않으므로 장식물의 전시 범위가 좀 더 넓어짐
- 건조장식을 하는데 있어서 실질적인 몇 가지 점을 검토해 보면 무엇보다도 건조화(Dreid Flower)라는 말 자체는 오해를 일으킬 소지가 있고, 건조한 소재의 일부는 글리세린에 보존 처리된 것도 있음
  · 글리세린 보존 처리 소재의 많은 부분이 자른 가지, 자른 잎, 꼬투리 등 꽃이 아닌 소재가 대부분임
- 자른 가지(절지)를 고정하는 일반적인 방법은 우레탄과 같은 건조장식용 플로럴폼(Floral Foam)임

- 장식하기 위해 사용하는 용기에는 물을 넣지 않으므로 용기를 자유롭게 선택할 수 있는데 이때 물을 사용하지 않으므로 용기가 쓰러지지 않게 장식 전 용기에 자갈이나 모래를 채워 넣는 경우가 있음
- 다음은 가정에서 직접 건조소재를 만드는 방법으로 건조한 공기나 건조제를 이용하는 방법임

<장미 건조소재 장식>

○ 공기 중의 자연건조

- 건조소재를 만드는 방법 중 가장 일반적인 것은 소재를 거꾸로 매달아서 건조 시키는 방법임
- 성공하기 위한 포인트는 적합한 빛의 세기(광도)와 온도를 갖춘 장소를 활용하고, 직사광선이 들어오지 않는 북쪽 창가를 갖고 있는 통풍이 잘되는 다용도실 등에 있는 선반을 활용하면 좋음
- 소재 준비: 건조한 시기에 가장 보기 좋게 개화된 상태의 소재를 잘라서 준비함
- 꼬투리 등이 달려 있는 소재라면 건조 전에 모발용 스프레이 등을 활용해서 가볍게 스프레이 하면 부착력이 좋아지고, 줄기 아랫부분의 잎은 제거하고 흡수가 잘되는 종이를 이용해서 표면의 물기를 제거함
- 다발 묶음: 5~10개 정도의 규모로 철사나 라피아를 이용해서 묶어주고, 묶을 때는 꽃이나 꼬투리 부분이 서로 붙시 않노록 줄기를 나선형으로 엇비슷하게 배열하여 묶음
- 거꾸로 매달음: 건조를 하는 곳은 건조하고 어두우며, 통풍이 잘 되는 따뜻한 곳을 선택함

· 건조하려는 소재가 많을 경우는 서로 충분히 떨어져 공기의 순환이 잘되어야 하고, 소재를 촘촘히 붙여서 건조하면 좋지 않음

- 건조 완료: 건조 완료 시기는 식물 소재 종류에 따라 다르나 1~8주 후에는 대체적으로 건조됨

· 건조되는 동안 1주에 한 번씩 건조 상태를 체크 하는데 이때는 건조소재를 묶은 부위가 꽉 조여 있는지를 살펴보고 소재가 파삭한 느낌이 들 때가 적당하게 건조된 것임

○ 건조제 이용

- 건조소재를 만드는 데 있어 실리카겔이라고 불리는 건조제를 이용하는데, 건조제는 수분을 매우 잘 흡수하는 성질이 있어 밀폐된 용기에 건조제를 넣고 꽃이나 잎 소재를 꽂아두어 건조시키면 공기 중의 건조 방법보다 빠르게 건조시킬 수 있음

- 단지 건조 속도만 빠른 것이 아니라 소재의 원래 색상이나 형태가 더 잘 유지되는 장점이 있으며 소재에 따라서는 원래 향기까지 유지되는 경우가 있음

- 물론 건조제를 구입해야 하는 비용과 공기 중 건조에 비해 손이 더 많이 가는 단점도 있음

- 무엇보다 가장 큰 단점은 이 방법으로 건조하면 줄기가 잘 부서지기 쉬우므로 줄기를 자른 꽃송이만 건조하는 경우가 대부분임

- 건조제로는 다양한 소질의 재료가 사용되었으나 가장 저렴하게는 세척된 미세한 모래를 사용할 수 있음

· 이 경우 비용이 매우 저렴하나 모래는 일반적으로 무겁고 건조 효율(속도)도 실리카겔에 비해 떨어짐

· 한때 건조제로는 명반, 백반 또는 붕사도 많이 사용하였으나 건조소재를 만드는 데는 효과적이지 않음

· 가장 좋은 건조제는 물론 실리카겔이며 수일 안에 색상이나 형태 면에서 훌륭한 건조소재를 만들 수 있음

· 선진국에서는 건조소재를 만드는 원예용 규격의 실리카겔이 판매되는데 수분 보유 정도를 알 수 있는 지시 입자를 가지고 있어 건조한 경우 청색이었다가 흡습한 경우에는 분홍으로 색상이 변하게 됨

- 소재의 준비: 건조한 날에 소재를 채취하고, 완전히 개화한 꽃은 건조할 때 꽃잎이 떨어지기 쉽기 때문에 소재는 완전히 개화하기 전 상태의 꽃송이 부분을 자르는 것이 좋음

· 건조제를 이용한 소재로 장식하는 경우 줄기를 인위적으로 만들어 줘야 하므로 줄기를 2.5㎝ 정도 남기고 잘라 꽃 바로 아래 부위에서 철심박기(Wiring) 처리를 함

- 용기의 준비: 밀폐가 잘되는 뚜껑이 있는 용기를 준비하되 꽃 종류별로 따로 처리하는 것이 편리하나 실리카겔이 사용하지 않은 새것이 아니라면 건조시켜 써야 함

· 용기에 5㎝ 정도 깊이로 실리카겔을 담음

- 용기에 소재를 넣음: 철심박기 처리를 한 소재를 서로 겹치지 않도록 건조제에 배열하여 세워 넣고 꽃 주위나 위에 붓 등을 이용하여 건조제가 덮일 수 있도록 끼얹음

· 모든 부분이 건조제에 묻을 수 있도록 하는 것이 중요한데 꽃잎 사이에도 건조제 입자가 들어가 작용할 수 있도록 함

· 이때 붓뿐만 아니라 이쑤시개를 이용할 수도 있고 마지막으로 소재 위에 1㎝ 높이로 건조제를 덮은 후 용기가 밀폐되도록 뚜껑을 닫음

- 건조 완료: 처리 2일경에는 작은 꽃 소재의 경우 꽃잎이 종이처럼 파삭하게 되면서 건조가 완료되면 용기 뚜껑을 열고 소재를 꺼내는데 건조제 입자가 끼어있지 않도록 붓으로 털어냄

· 매일 건조 상태를 체크하고, 큰 꽃의 경우는 건조되는데 5일 정도가 소요되며 건조제에 오래 처리할수록 소재가 부스러지기 쉬우므로 건조되자마자 빨리 꺼냄

○ 보존화

- 선진국에서는 최근 생화 대체용으로 사용되던 건조화가 가든센터나 꽃집들을 통해 다양하고 정교한 보존 소재들로 만들어져 상품화 되고 있음
- 보존 기법이 발달하여 색상이 선명하고 형태에도 뛰어난 기술이 개발되었으며 소비자가 직접 원하는 꽃과 잎 소재로 집에서 보존할 수 있는 기술들도 있음
- 보존 소재를 만드는 전형적인 방법으로 글리세린 흡습법을 들 수 있는데 이는 보존 용액의 특성상 주로 자른 가지(절엽)나 자른 줄기(절지) 소재에 많이 사용되었으며 절화 소재에는 활용하기 어려웠음
- 최근에는 글리세린 흡습 방법을 개량한 방법이 개발되어 장미, 카네이션, 수국, 양란 등 절화 소재에도 적용, 산업화 되고 있음

<보존화 장식>

○ 염색화

- 자연에서 구할 수 없는 다양한 색상의 꽃을 만들고 싶을 경우에 생화를 염색함
- 네덜란드 알스미어 경매장에서는 다양한 색상으로 염색한 절화들이 경매되며 국내의 절화 시장에서도 염색된 꽃들을 볼 수 있음
- 국내의 염색 기술은 아직까지 색상 조절 방법 등이 확립되지 않아 상업적으로 활성화되지 못한 실정임

- 일반적으로 생화 염색은 생화를 절화로 채취하여 염색액을 넣은 용기에 넣어 흡습시키는 방법이나 생화 표면에 절화 염색전용 염료 또는 안료를 분사, 도포하여 이용하는 방법 등으로 나눌 수 있음
- 염색액 흡습법은 물속에 염료를 녹여 절단부의 도관을 통해 흡수시키는 방법으로 장미, 카네이션, 안개꽃, 수국 등에 많이 사용하여 채색 효과를 높임
- ·특히 각각의 꽃잎에 연결되는 도관의 위치가 다른 것에 착안하여 도관을 분리하여 각기 다른 색상의 염료를 흡습시켜 만드는 레인보 장미가 개발되어 고부가가치 상품으로 생산되고 있음
- 염료 또는 안료를 분사하여 하는 염색은 절화 염색용으로 판매되는 수성 염색액을 물에 타 분무하거나 생화전용 스프레이액을 뿌림
- ·최근에는 온도 및 광질에 따라 색상이 변하는 안료를 도포하여 환경조건에 따라 색상이 변하는 매직 로즈가 국내에서 개발되어 관심을 받고 있음
- 염색 기술은 일반적으로 생화 외에 건조소재에 많이 적용되는데 건조과정 동안 대부분 소재의 색소가 빛이나 온도 등에 의해 변화해 자연스럽게 변색되기 때문임
- 건조소재 중 공기 중에서 자연건조 한 소재의 색상은 대체적으로 주황, 크림색, 갈색 등이며 글리세린 처리를 한 절엽, 절지는 녹색이나 청색을 띠는 경우가 많고 실리카겔 처리한 화서의 경우 꽤 밝은 색상을 나타내는 경우가 많음
- 그러나 모든 소재 중 가장 선명한 색상을 보이는 것은 염색된 잎이나 꽃 소재이며, 염색 소재는 대부분 매우 선명한 청색, 뚜렷한 적색, 금색 등이 있음
- 이러한 소재를 선택해서 사용하는 것은 물론 개인들의 취향에 따라 선호되지 않는 예도 있으나 현대 장식에 있어서 분명 한 영역을 차지하고 있음

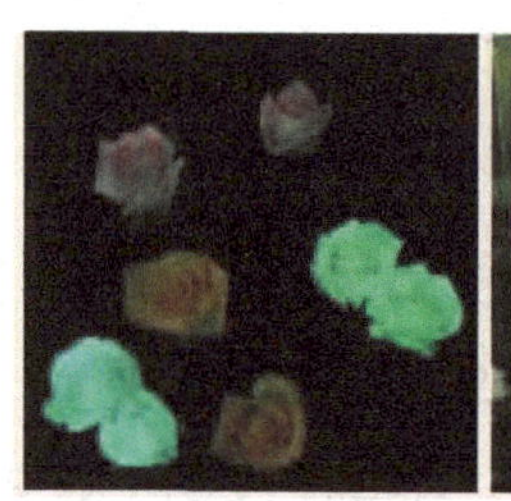

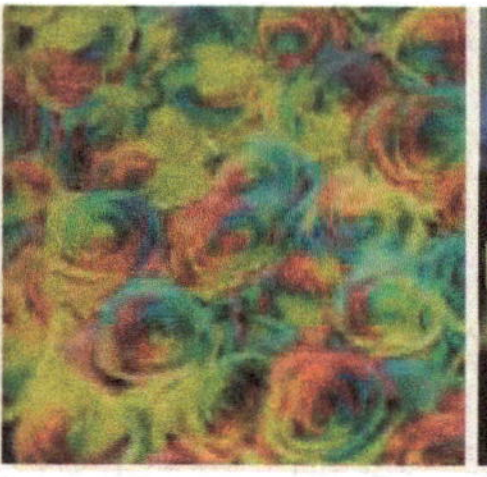

온도감응 변색화 (마술장미) | 다색 염색화 (레인보 장미) | 야광안료 도포화 (야광 장미) | 금색안료 도포화 (황금 장미)

<염색화 및 변색화>

○ 포푸리 이용

- 포푸리(Potpourri)는 방향성 물질을 포함한 식물을 건조한 후 꽃, 잎, 열매 등 건조 조직에 정유(Essential Oil)를 첨가하여 숙성한 것으로 실내장식의 기능과 함께 식물 정유 성분이 우울증, 불면증, 스트레스 해소 등 향기 치료의 기능이 있음
- 휘발성 향 성분인 식물성 정유는 추출한 식물의 종류에 따라 수십 종 이상의 휘발성 유기화합물로 구성되어 있으며 그 성분에 따라 다양한 기능을 가져 식품, 의약품, 향장품 등에 활용됨
- 한편, 면역세포에 활성을 높여 주어 자연치유력을 증강시키며, 장미, 라벤더, 재스민 등의 정유는 천연 신경안정제의 역할을 하여 불안과 우울증의 증상을 경감시킨다고 알려져 있음

<포푸리를 활용한 건조소재 및 장식>

Ⅳ. 특용작물

1. 인 삼

❏ 개갑 촉진 및 보관

○ 11월 상순경이 되면 종자 겉껍질이 갈색 또는 흑갈색으로 변하고 종자 껍질 틈이 벌어져 개갑이 완료되는데, 파종 2~3일 전에 종자를 개갑용기에서 꺼내 깨끗한 물로 씻은 다음 건조하지 않도록 보관하였다가 파종함

- 황백색 종자가 많이 남아있어 개갑이 덜 되었을 때는 개갑 용기를 따뜻한 곳으로 옮겨 개갑을 촉진함
- 즉 개갑이 덜된 종자는 별도 용기에 넣어 20℃ 정도에서 7~10일간 추가로 개갑처리 하여야 함
- 만일 가을에 파종하지 못한 경우에는 개갑된 종자를 모래와 혼합하여 땅속에 묻거나, -2~0℃의 저온저장고에 마르지 않게 보관하였다가 이듬해 땅이 녹은 직후에 파종할 수 있으나 발아율이 다소 떨어짐

<개갑이 안 된 종자>

<개갑이 잘 된 종자>

○ 봄 파종을 위한 종자 저장

- 봄 파종을 하는 경우 저온에서 90~100일 이상 보관해야 하므로 늦어도 12월 초까지는 저온처리를 시작해야 함
- 반드시 개갑이 완료된 종자를 이용하여 보관하고, 땅에 묻는 것보다 0~2℃의 온도가 유지되는 저온저장고에 넣어 보관하는 것이 좋음

- 저온저장고 보관은 수분이 마르지 않도록 스티로폼 상자에 넣어 보관하고, 파종하기 3~5일 전에는 반드시 2~4℃의 서늘한 곳에서 순화한 뒤 파종함

❑ 모밭의 해가림 설치

○ 모밭의 해가림 설치는 가을 파종 후 또는 봄 땅이 녹은 후 싹이 트기 전에 기둥을 박고 서까래, 도리 등을 설치하여야 함

- 저온피해가 우려되는 지역은 4월 초순경 발아하기 전에 피복물을 덮어야 함
- 모밭은 누수가 되면 병 발생이 심하므로 두둑에 누수가 되지 않도록 피복물(PE 차광망, 차광지 등)을 덮어야 함

〈목재 A형 해가림 설치 자재 소요량(10a): 모밭〉

자재명	규격			수 량	비 고
	길이 (cm)	폭 (cm)	굵기 (cm)		
기둥(지주)	240	3.6	3.0	360본	해가림 자재는 강질목 이용
서까래(연목)	240	3.6	3.0	330본	해가림 자재는 강질목 이용
보조서까래 (보조연목)	180	3.0	2.4	660본	2개 사용
쫄대	-	-	-	-	차광지 피복시
도리 (도리목)	210	3.6	3.0	660본	2개 사용
PE 차광망 또는 차광지	100	180	-	6롤	4중직(흑1+청3) 차광지(청색, 국방색, 백색)
PE 차광망	100	180	-	6롤	흑2중직(고온장해 예방용)
PE 차광망	100	150	-	3롤	흑2중직(울타리, 측후렴 설치)
타정기못	60	-	-	1 박스 (7,200ps)	서까래 및 도리 결속
탁카핀	13	17	-	1박스 (13,440ps)	PE 차광망 부착

<모발의 해가림 시설 설치규격>

해가림유형	전주높이	후주높이	전·후주 높이차	비 고
A형 및 C형	180 cm	100 cm	80 cm	-
B형	150 cm	100 cm	50 cm	-

- 모발 및 본밭의 해가림 설치, 설치규격, 해가림 구조 및 설치방법, 설치 자재 소요량은 농림축산식품부 고시「원예·특작시설 내재해 설계기준 및 내재해형 시설규격의 등록 등에 관한 규정」및「원예 특작시설 내재형 규격 설계도·시방서」에 준힘

❑ 본밭 해가림 시설 관리

○ 해가림 자재는 공급이 여의치 않을 경우가 있으므로 설치할 해가림 구조를 결정하고, 그 구조에 맞는 자재를 미리 준비하도록 하여야 함

○ 해가림 자재 중 목재는 규격품으로 준비해서 고년생까지 폭설이나 폭풍우 피해를 방지할 수 있도록 함

○ 해가림의 피복물 선정은 내구성이 강하고 적당한 수광량 유지 및 온도상승을 억제할 수 있는 자재를 선택하여 준비하여야 함

- 차광망은 되도록 11월 말에서 12월 중으로 말아올려 폭설에 대비하도록 하며, 부득이하게 걷지 않은 해가림 시설은 눈이 쌓이지 않게 지속해서 제설작업을 실시하는 게 바람직함

❑ 염류 과다 포장 두둑표면 흙덮기(복토)

○ 고년근으로 갈수록 노두 부위 표토층에 다량의 염류가 상승하여 집적되므로 노두가 부패해 결주가 증가됨

○ 염류장해에 의한 적변삼 및 지상부 황화현상 증가로 수삼 품질이 저하되고 생산량이 감소됨

- 4년생 때 두둑 표토에 염류집적현상이 발견될 경우, 10~11월에 깨끗한 황토 또는 고랑 흙을 상면에 2~3㎝ 두께로 덮어 주면 잿빛곰팡이병 발생이 감소하고, 결주를 예방할 수 있음

❏ 흑삼의 호흡기 건강 개선 효과, 인체적용시험으로 입증

(보도자료: 2024.03.29. 농촌진흥청)

<흑삼>

○ 농촌진흥청은 한국생명공학연구원, 산업체(알피바이오)와 3년간의 연구 끝에 인체적용시험을 거쳐 '흑삼'의 호흡기 염증 억제 효과를 밝히는 데 성공했음

○ 흑삼은 인삼을 3회 이상 찌고 건조해 만든 것임

- 농촌진흥청은 2023년 인삼산업법 개정을 완료해 흑삼 제조 방법과 표준화된 품질관리 방법을 규격화했음*

* 농촌진흥청은 경제적이고 안전한 흑삼 제조 방법을 개발, 농림축산식품부와 협의를 통해 '인삼산업법 시행규칙' 개정('23.3)을 완료함으로써 흑삼의 제조 방법 및 표준화된 품질관리 방법을 규격화했음

○ 연구진은 호흡기에 불편을 느끼는 100명을 두 집단으로 나눠 각각 1일 0.5g의 흑삼 추출물과 위약*(가짜 약)을 12주간 복용하게 한 뒤, 호흡기 건강과 삶의 질 관련 지표를 평가하는 방식으로 시험을 진행했음

* 심리적 효과를 얻기 위하여 환자에게 주는, 약리 효과가 전혀 없는 가짜 약

○ 호흡기 관련 질환은 호흡기 내 만성 염증과 호흡기관 손상을 동반하며, 오래 방치하면 만성기침과 가래를 유발해 삶의 질이 낮아질 수 있어 이 평가 지표를 활용했음

- 그 결과, 흑삼 추출물 섭취군은 대조군보다 △삶의 질 총점은 54.76%, △삶의 질 활동력 지수는 123.2% 향상됐으며 △체내 염증 정도는 186.73% 개선된 것으로 나타났음

- 이번 평가에는 호흡기 증상의 빈도, 호흡곤란을 유발하거나, 호흡곤란으로 제한받는 활동 정도, 사회적, 정서적 기능에 대한 전반적인 장애 정도를 예측할 수 있는 '세인트조지 호흡기 설문*'을 사용했음
- 체내 염증 개선 정도는 혈액 속에 적혈구가 가라앉는(침강) 속도로 평가하는 '적혈구 침강속도**'로 검사했음

* 세인트조지 호흡기설문(SGRQ)은 만성 폐쇄성 폐질환(COPD) 등 호흡기 질환이 인간의 건강한 삶에 미치는 영향을 측정하기 위하여 개발된 설문지

** 적혈구침강속도 검사(ESR). 체내에 존재하는 염증의 정도를 적혈구의 침강 속도로 측정하는 검사법. 염증성 질환이 있는 경우 적혈구의 침강 속도가 빨라짐

○ 정부혁신 과제인 이번 연구는 앞서 진행한 동물실험에 이어 인체적용시험을 통해 흑삼이 호흡기 건강을 개선하는 새로운 건강기능식품으로써 자리매김할 수 있는 과학적 근거를 마련했다는 점에서 의미가 있음

○ 농촌진흥청은 앞으로 흑삼을 건강기능식품 원료와 천연 의약 소재로 개발하기 위한 후속 절차를 추진할 계획임

○ 농촌진흥청 국립원예특작과학원은 "현재 건강기능식품 원료시장에서 '호흡기 건강'으로 등록된 원료가 없어 인체적용시험까지 성공한 흑삼의 등록이 이뤄진다면 최초가 될 것이다."라며, "흑삼 관련 제품 소비가 활발해져 국내외 인삼 시장이 확대되고, 인삼 농가가 다시 활짝 웃을 수 있도록 노력하겠다."라고 밝혔음

흑삼 추출물의 호흡기 건강 개선 효과

○ 흑삼 전임상 연구 결과

- 흑삼 추출물의 천식 유발 동물모델 항-천식 효과

  · 흑삼 추출물에 의해 천식 염증인자(IL-4, -5, -13, IgE)가 억제됨

  * 저농도 (50mg/kg)에서 고농도 (200mg/kg)까지 농도 의존적 억제 효과 확인

  ※ 덱사메타손: 천식처방약

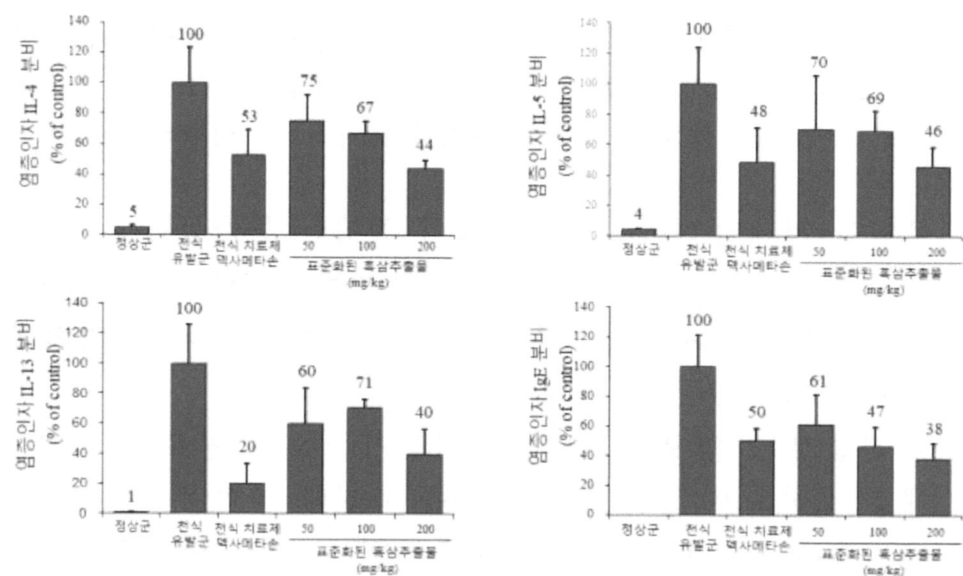

<흑삼 추출물의 천식 유도 호흡기질환 동물모델에서의 염증지표 마커 억제효능>

⇒ 천식 염증 유발 물질을 처리한 동물모델에 흑삼 추출물을 투여한 결과, 기관지 폐포 세척액 내 염증성 사이토카인(IL-4, -5, 13)과 IgE 수치가 현저히 감소하는 것을 확인하였음

- 흑삼의 만성폐쇄성폐질환(COPD) 유발 동물모델 항-COPD 효과

  · 흑삼 추출물에 의해 COPD 염증인자(ROS, TNF-α, IL-6, MCP-1)가 억제됨

  * 흑삼 추출물(100mg/kg) 투여군은 COPD치료제 로플루밀라스트와 유사한 억제 효과

  ※ 만성폐쇄성폐질환: COPD (Chronic obstructive pulmonary disease)
  로플루밀라스트: Roflumilast(Daxas®), COPD 처방약

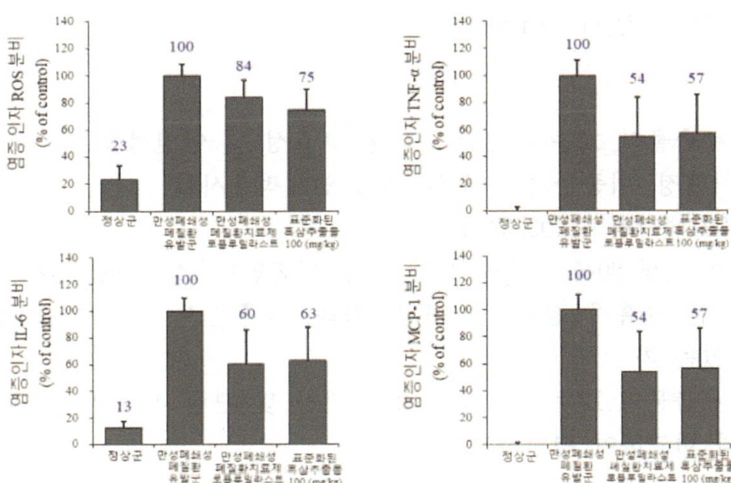

〈흑삼 추출물의 COPD 유발 호흡기 질환 동물모델에서의 염증지표 마커 억제 효능〉

⇒ COPD 폐염증이 유발된 동물모델에 흑삼 추출물을 투여한 결과, 기관지 폐포 세척액 내 COPD 염증인자(ROS, TNF-α, IL-6, MCP-1)가 현저히 감소하는 것을 확인하였음

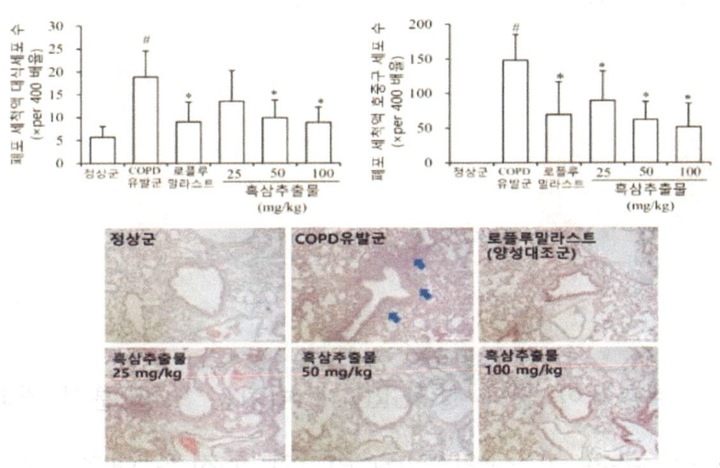

〈흑삼 추출물의 COPD 동물모델 폐 조직 염증 개선 효능〉

⇒ COPD 폐 염승이 유발된 동물모델에 흑삼 추출물을 투여한 결과, 기관지 폐포 세척액 내 염증세포(대식세포 및 호중구) 수와 폐 조직 내 염증세포 유입이 현저히 감소하는 것을 확인하였음

○ 인체적용시험 연구 결과

〈개요〉
- 제목: 흑삼 추출물의 호흡기 건강에 대한 유효성 및 안전성을 평가하기 위한 12주, 무작위배정, 이중눈가림, 위약-대조 인체적용시험
- 연구기간: 2021년 7월 ~ 2022년 12월
- 대상: 만 19세 이상 80세 미만의 성인 남녀, 비흡연자, 스크리닝 검사 전 1개월 이상 지속적인 호흡기 불편증상(기침, 가래, 호흡곤란 또는 가슴 답답함)이 2개 이상 있는 자
- 목적: 흑삼 추출물의 12주 섭취가 호흡기 건강 및 관련 지표에 미치는 영향을 위약 섭취와 비교하여 평가하고자 함

〈시험재료 및 방법〉
- 인체적용시험용 식품군
  시험군 → 흑삼 추출물(0.5g/일), 위약군 → 대조식품(위약)
- 용법·용량, 투여방법 및 기간
  1일 1회, 1회 2정(흑삼 추출물로써 0.5g)을 저녁 식후 물과 함께 섭취

- 흑삼 추출물이 삶의 질에 미치는 영향

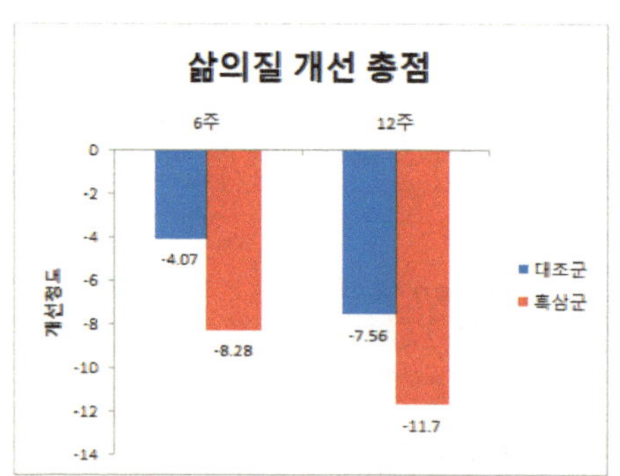

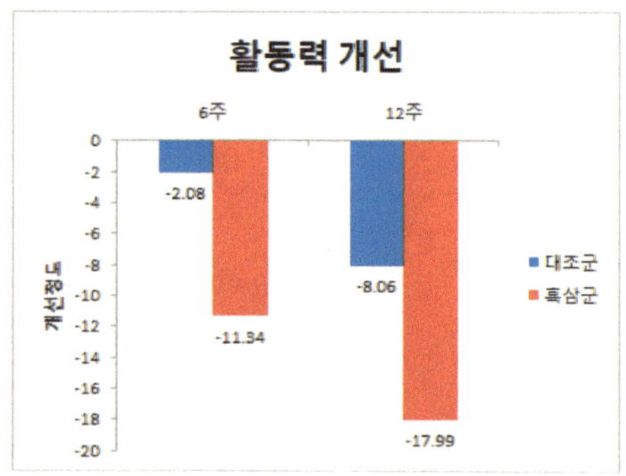

〈흑삼 추출물이 삶의 질(SGRQ)에 미치는 영향 분석 결과〉

⇒ 흑삼 추출물 복용 후 삶의 질(SGRQ)의 총점은 대조군과 시험군 각각 -7.56±7.84와 -11.70±10.97점으로 감소하여 통계적 군간 유의적 차이가 관찰되었음(p=0.044, 시험군이 대조군에 비해 54.76% 개선). 또한, 삶의 질 평가 항목중 활동력 지수의 개선은 대조군과 시험군 각각 -8.06±13.91과 -17.99±19.06로 통계적 유의차가 관찰 되었음

(*p*=0.001, 시험군이 대조군에 비해 123.20% 개선)

* *p* 값은 통계적 유의성을 나타내는 값으로 0.05 보다 작으면 통계적 의의가 있고 이보다 크면 두 군 간 차이가 없음을 나타냄

* SGRQ(세인트조지 호흡기설문, Saint George's Respiratory Questionnaire): 만성 호흡기 질환 환자의 건강 상태를 평가하기 위해 개발되었으며, 호흡기 질환의 영향을 측정하는 데 사용되는 중요한 검사 도구이며 증상, 활동 제한, 그리고 질환으로 인한 전반적인 삶의 질에 대한 세 가지 주요 영역을 평가함

- 흑삼 추출물이 체내 염증 정도(ESR)에 미치는 영향

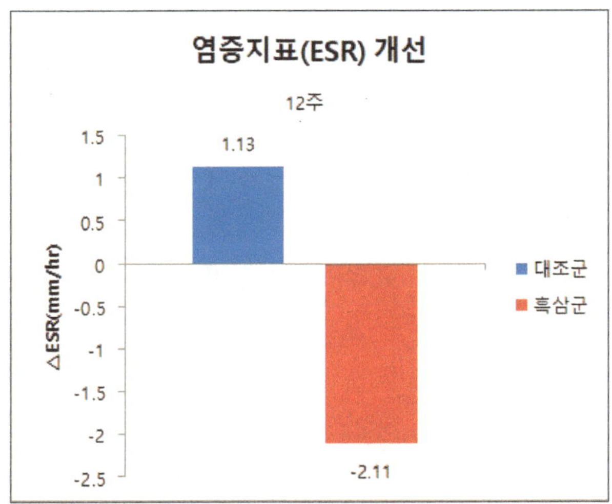

<흑삼 추출물이 체내 염증 정도(ESR)에 미치는 영향 분석 결과>

⇒ 흑삼 복용 후 체내 염증 정도(ESR)는 대조군과 시험군 각각 1.13±6.93과 -2.12±5.53으로 통계적 유의차가 관찰되었으며 (*p*=0.017, 시험군이 대조군에 비해 186.73% 적혈구 침강 속도가 감소함)

* ESR(적혈구침강속도 검사, Erythrocyte Sedimentation Rate): 혈액 내 적혈구의 침강 속도를 측정하여 염증의 존재와 염증 반응 여부를 평가하는 방법. 염증 증가 시 적혈구 침강 속도가 빨라지며 섭취 약물의 염증 억제 활성 정도를 간접적으로 평가하는 데 사용함

흑삼 제조공정 표준화

○ 흑삼 제조공정 표준화('19~'20) 요약

- (경제성) 제조공정의 표준화로 합리적 유통가격 기준의 근거 제시
- (안전성) 적절한 증숙·건조의 표준제조 공정(3~4증)으로 안전성 확보

 * 벤조피렌 검사: (3~4증숙 흑삼) 0.09㎍/kg 수준, 고시기준 2.0㎍/kg 이하로 안전성 확보

 * 독성평가: 흰쥐에서 유전독성 관찰(13주 투여) → 최대 5g/kg 섭취에도 안전성 확인(GLP기관)

- (품질기준) 불확실한 제조공정 개선하여 유통되는 흑삼의 품질 표준화 실현

 * 표준화된 흑삼제조 및 원료 표준화 유도: (식약처) 원료기준 설정 및 건기식 고시형 기능성 원료 등록 용이

〈 흑삼 표준 제조공정도 〉

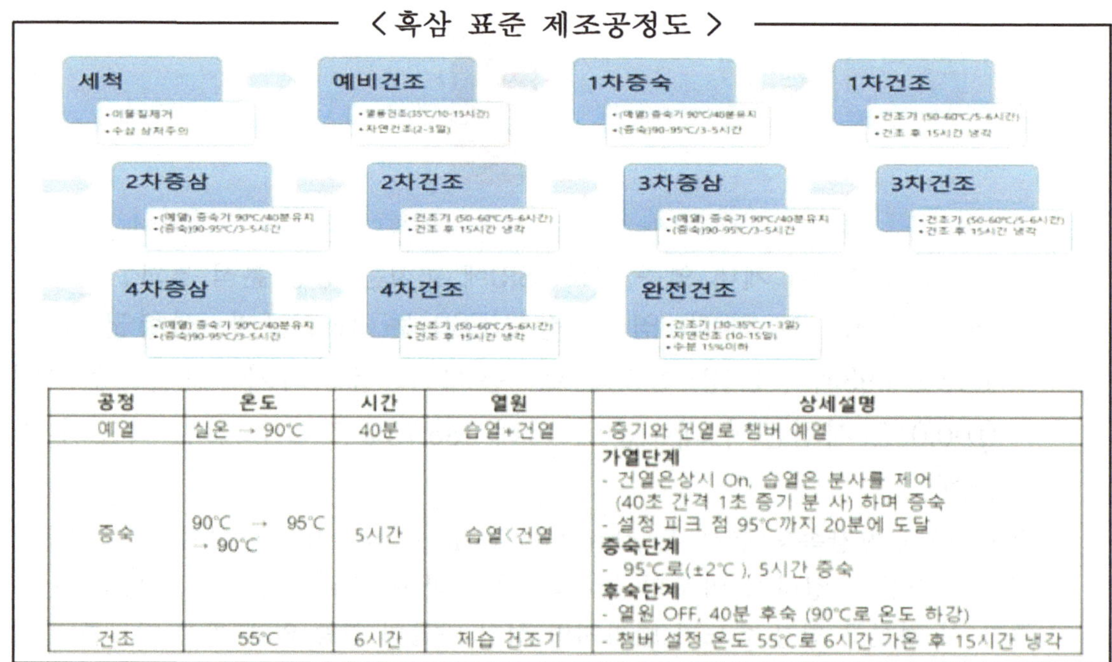

공정	온도	시간	열원	상세설명
예열	실온 → 90℃	40분	습열+건열	-증기와 건열로 챔버 예열
증숙	90℃ → 95℃ → 90℃	5시간	습열<건열	**가열단계** - 건열은상시 On, 습열은 분사를 제어 (40초 간격 1초 증기 분 사) 하며 증숙 - 설정 피크 점 95℃까지 20분에 도달 **증숙단계** - 95℃로(±2℃), 5시간 증숙 **후숙단계** - 열원 OFF, 40분 후숙 (90℃로 온도 하강)
건조	55℃	6시간	제습 건조기	- 챔버 설정 온도 55℃로 6시간 가온 후 15시간 냉각

- 3증숙 이후부터 지표성분인 진세노사이드 Rg3, Rk1, 및 Rg5가 일정 수준 이상 생성

 * 백삼, 홍삼과는 차별성을 제시할 수 있는 흑삼 특유의 지표성분 설정 근거 자료 확보

- 증숙 후, 건조 때 낮은 온도(55℃) 적용으로 벤조피렌 함량 최소화 적용

* 인삼산업법상 흑삼 고유 외형지표인 담흑갈색 또는 흑다갈색은 3증숙 이후 부터 색깔이 나타남

<흑삼 증숙별 가공 형태와 색>

⇒ 본 인체적용시험에 사용된 흑삼 추출물은 농촌진흥청에서 개발한 흑삼 제조기술을 활용해 제조되었으며 인삼을 3~4회 찌고 건조함으로써 유효 성분 함량과 안전성을 확보하였음

○ 흑삼 추출물의 지표성분 설정으로 새로운 기능성 원료 발굴

- (기능성성분) 진세노사이드 Rg3, Rk1, Rg5의 함량이 증가됨

* Rg3, Rk1, Rg5의 합: 7mg/g 이상

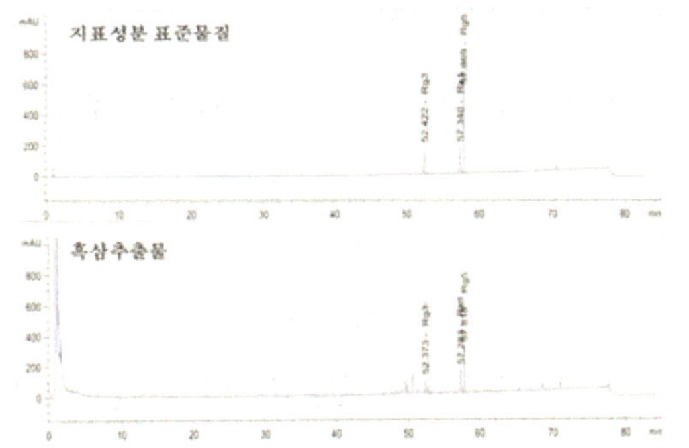

<지표성분 및 흑삼 추출물의 HPLC 크로마토그램>

단위 : mg/g

	Rg3	Rk1	Rg5	합계
Lot-1	2.68	4.63	2.53	9.84
Lot-2	2.69	4.67	2.56	9.92
Lot-3	2.87	4.95	2.7	10.52

<기능성분 함량 비교(3Lot)>

2. 왕 기

❑ 수확 및 조제

○ 수확시기

- 고랭지에서는 보통 3년근을 약용으로 이용하며, 비옥한 땅에서는 그해에도 뿌리가 상당히 크므로 식품용으로 수확함
- 10월 하순~11월 중순 사이에 잎과 줄기가 마르기 시작하면 수확함
- 다음 해 수확할 것은 뿌리 위 6~9㎝ 부위 줄기를 낫으로 벤 다음 월동시킴

○ 수확 방법

- 잔뿌리가 적고 곧게 내려간 것은 줄기를 쥐고 뽑는 방법으로 수확할 수도 있지만, 대개는 줄기를 베고 포크, 곡괭이, 삽 등으로 캐며, 노동력 절감을 위하여 굴착기를 이용하기도 함

○ 세척 및 껍질 벗기기

- 뿌리 흙을 털고 오염되지 않은 물에 씻어서 대칼로 껍질을 벗김
- 수세 박피기를 이용하면 노동력이 절감됨
- 뿌리가 건조되면 껍질이 잘 벗겨지지 않으므로 땅에 묻어 놓거나 물에 담가두고 작업하는 것이 좋음

○ 건조 및 저장

- 단시일 안에 건조한 것이 껍질이 희고 깨끗하여 상품성이 높음
- 열풍건조 시 약 40℃에서 24시간 정도 건조함
- 80~90% 건조되었을 때 간추려 묶어서 완전히 건조한 후 저장하거나 출하함

○ 절단

- 황기 뿌리는 절단기를 이용하여 엇비슷하게 절단함
- 약으로 쓰이지 않는 식용은 절편으로 절단하지 않고 적당한 크기로 절단하여 진액을 만들거나 식용으로 쓰기도 함

❏ 로스팅 황기의 신경세포 보호 효과

(영농활용: 2024. 국립원예특작과학원)

○ 배경

- 고령인구 증가에 따른 관련 질병(정신건강) 예방 소재 개발 필요
- 황기는 다양한 기능성분을 함유, 여러 질환의 예방적 측면에 적합
- 로스팅은 황기에 존재하는 풋내를 저감시킬 수 있으며, 구수한 풍미의 부여가 가능하여 섭취 편이성을 높일 수 있음
- 로스팅을 통해 기능성분의 증가, 관능적 품질의 증가 기대

○ 개발된 기술정보

- 로스팅에 의한 황기의 세포 보호 효과 증가 및 ROS 생성 억제
  · Aβ로 독성이 유도된 신경세포에서 보호 효과 증가, ROS 생성 억제 확인
- 항산화, 신경전달 관련 단백질의 증가 및 자가사멸 단백질 억제
  · 항산화 단백질, 신경영양인자 등 신경전달 관련 단백질의 증가 확인
  · Caspase 3 등 자가사멸 단백질의 발현이 억제되어 세포 생존률 증가

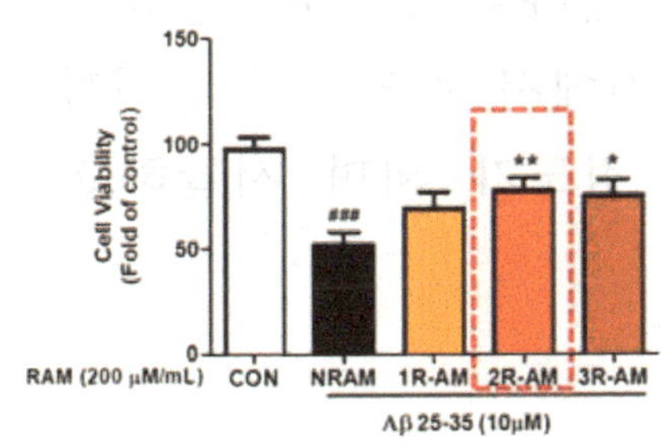

〈로스팅 황기의 신경세포 보호 효과〉

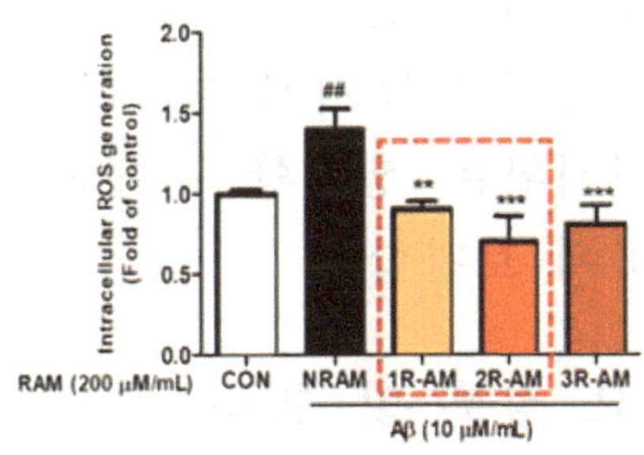

〈로스팅 황기의 ROS 생성 억제 효과〉

○ 파급효과

- 로스팅 가공 등 황기의 이용 다양화로 수요 확대
- 로스팅 황기를 이용한 인지능 개선 등 건기식 원료 개발에 활용
- 로스팅에 따른 기능성 변화 등 기초데이터 확보

3. 지 황

❏ 수확 및 조제

○ 수확시기

- 남부지방은 이듬해 봄 출현 전에 수확할 수도 있지만, 뿌리줄기에 가지고 있던 수분 등이 증발되어 수량이 낮아지고 품질이 떨어지므로 11월 중·하순에 수확하는 것이 좋음
- 중부 이북 지방은 겨울 동안 영하 10℃ 이하로 온도가 내려가면 땅속줄기가 얼어서 부패하므로 땅이 얼기 전인 10월 중순에서 11월 하순에 반드시 수확하여야 함
  · 인력 또는 뿌리 수확용 굴취기를 이용하며, 굴취기는 뿌리가 잘라지거나 땅속에 묻혀서 손실되는 부분이 있으므로 2회 이상 반복하여 수확하여야 함

○ 1차 가공 및 저장

- 생지황은 가을이나 봄에 수확하여 그대로 이용하고, 생지황을 오염되지 않은 물에 잘 씻은 후 대나무 칼이나 플라스틱 솔로 겉껍질을 벗기고 40~50℃ 온도 조건에서 건조하면 건지황이 됨
- 건지황은 생지황 무게의 25~30% 정도가 되며 서늘하고 건조한 곳에 보관함

❏ 주요 성분 및 효능

○ 주요 성분으로 베타시토스테롤, 만니톨(Mannitol), 카탈폴(Catalpol), 스티마스테놀(Stimastenol), 캄페스테롤(Camphesterol), 레마닌(Rehmannin), 알칼로이드(Alkaloids), 지방산(Fatty Acid), 글루코스(Glucose), 비타민 A 등을 함유하고 있음

○ 혈당저하, 혈관의 확장·수축 등의 약리작용을 하며 혈액응고를 촉진함

- 강심, 이뇨, 혈당강하, 청열, 소갈 등의 증상에도 이용함

❑ 지황차 제조를 위한 적정 가공 조건

(영농활용: 2020. 국립원예특작과학원)

○ 배경

- 웰빙 및 힐링 문화 확산에 따른 약용작물의 재배면적과 생산액이 증가 추세이나, 한약재 위주의 소비는 감소하고 다양한 형태의 식·약공용의 소비가 증가함
- 생지황을 약초차로 활용할 경우, 경제성면에서 숙지황보다 활용범위가 넓고 이를 위한 적정 가공조건 정립이 필요

○ 개발된 영농기술정보

- 지황차 제조과정
  - 생지황 세척 및 절단 (1cm) → 주침 (24시간) → 증숙 (100℃, 5시간) → 열풍건조 (50℃, 5시간) → 덖음 (180℃, 20분) → 방랭 (실온, 30분) → 분쇄 및 체질 (5-10 mesh) → 포장 (삼각티백 1g, 드립백 3g)

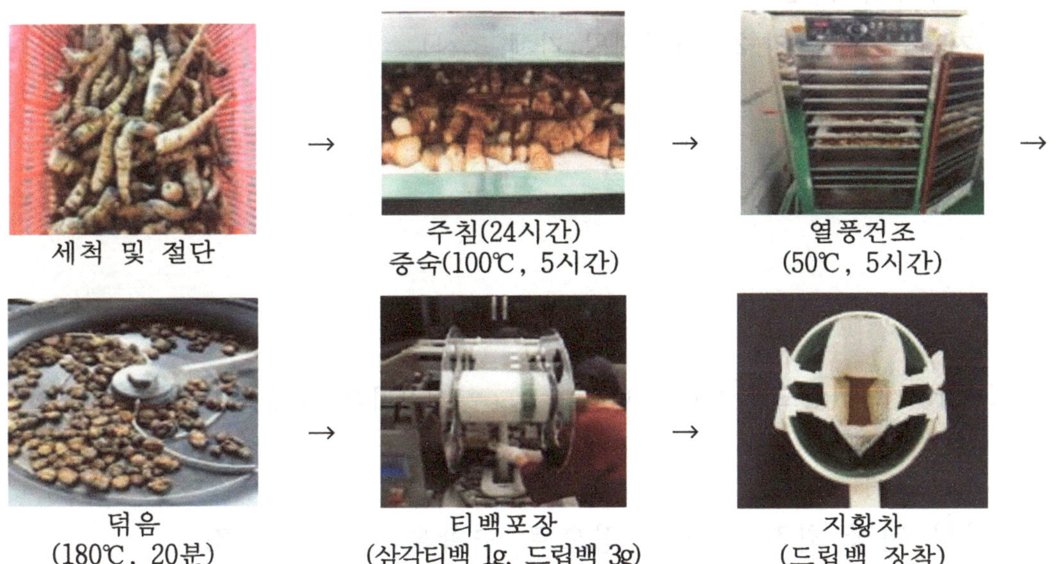

○ 파급효과

- 생지황을 활용한 새로운 제형 개발로 약초의 활용범위 확대
- 약초차 가공 관련 농가, 소비자, 산업체 등에 도움을 줄 것으로 예상

❑ 지황 저장 온도 및 기간별 품질변화

(영농활용: 2021. 국립원예특작과학원)

○ 배경

- 지황은 한약 및 건강기능식품의 주, 부재료로 이용되고 있는 주요 약용작물임
- 지황 수확 후 저온저장고에 저장하여 다음 해 출하하는 경우가 증가하나, 저장기간에 부패 등의 품질 저하가 발생하여 이에 대한 저장 연구가 필요

○ 개발된 영농기술정보

- 지황 저장온도를 달리하여 최대 6개월 저장하였을 경우 1℃ 저장이 4℃에 비해 부패율이 낮고 수분함량 감소가 적어 품질이 우수하였음
- · 저온저장고의 냉각방식 등으로 인한 온도편차로 인한 동결피해를 주의하여야 함

  * 지황 동결점: 약-2.1℃(원예원 자체 조사),

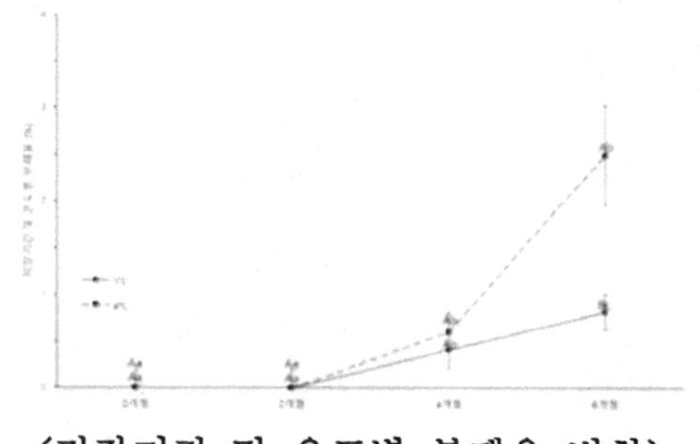

<저장기간 및 온도별 부패율 변화>

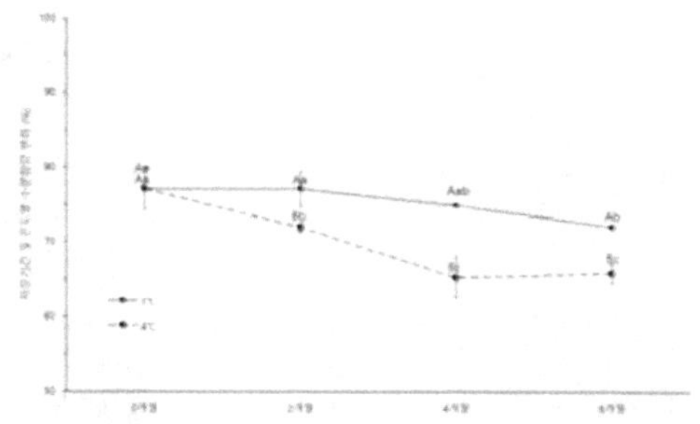

<저장기간 및 온도별 수분함량변화>

○ 파급효과

- 지황 저장 최적 온도 설정으로 수확물의 장기 저장
- 지황 저장기간 동안 품질 저하 최소화로 인한 농가 수익 증대

4. 마(산약)

❑ 수확 및 조제

○ 수확 시기

- 햇마의 표피 색은 토양 종류나 수분함량에 따라 차이가 있으며, 비대기에 황백색을 띠고 있던 마도 성숙함에 따라 황갈색, 암갈색, 흑갈색으로 변해 감
- 잎은 성숙기 초기에는 녹색이나, 기온이 낮아짐에 따라 퇴색하여 마르기 시작함
- 수확은 11월 중순 무렵부터 하는 것이 일반적이며, 성숙 초기인 9월 말경부터 시장가격에 따라 조기 수확을 하는 때도 있으나, 이 시기는 표피가 황백색~황갈색으로 쓴맛이 강하고, 갈아 놓으면 쉽게 변색하기 때문에 표피 색이 암갈색~흑갈색이 될 때를 기다려 수확하는 것이 좋음
- 언 피해 우려가 없는 남부지방에서는 3월경까지 수확할 수 있음
- 주아는 9~10월 서리가 내리기 전에 수확하여 11월 말~12월 초에 저장함
- 뿌리가 깊지 않으면 거릿대로 수확할 수 있으나 굴삭기를 이용하면 수확 시간을 절약할 수 있음
- 덩이뿌리의 표피에 상처가 나면 저장성이 좋지 않으므로 수확할 때 주의함

○ 생마 보관 방법

- 생마로 저장할 때는 수확 후 이듬해 씨마로 사용할 윗부분을 잘라 따로 저장하고, 상처가 있는 부분은 바람이 잘 통하는 그늘진 곳에 2~3일 예비 저장하여 상처가 아문 다음 저장함
- 온도 4℃ 내외의 저온저장고를 이용하면 장기간 저장이 가능함
- 저장 시설이 없는 경우 서늘한 곳에 보관하거나, 물이 고이지 않고 배수가 잘되는 밭에 묻어 두면 이듬해 봄까지 저장할 수 있음

❑ 마(산약) 적정 저장조건 설정

(영농활용: 2024. 국립원예특작과학원)

○ 배경

- 마(산약)는 주요 약용작물로 한약재로 주로 활용되었으나, 최근 생식 및 건강식품으로 소비 형태가 다양화되면서 균일한 품질의 마에 대한 수요가 꾸준함
  * 재배면적(ha): ('10) 630 → ('15) 798 → ('21) 639 → ('23) 614, 약용작물 중 6위
  * 생산량(톤): ('10) 7,539 → ('15) 9,482 → ('21) 8,074 → ('23) 7,798
- 마는 수확 후 저장고에 보관하며 판매하지만, 저장 중 감모율이 높고 부패 등 품질 저하가 자주 발생해 저장 방법의 개선이 필요함
- 저장조건에 따른 시기별 마 품질 변화를 분석하여 장기저장을 위한 적정 저장조건을 설정하고자 함

○ 개발된 영농기술정보

- 마 저장 조건별 무게 감소율 변화
  · 저장 18주 이후 마 괴경 무게 감소율은 2℃×70% (19.5%), 5℃×70% (23.8%) 조건에서 약 20% 정도로 낮았음
- 마 저장 조건별 내·외부 품질 변화
  · 저장온도 2, 5℃ 경우 습도 70% 저장 시 초기와 비슷하게 경도 유지함
  · 2℃는 저장 12주 후에도 내외부 품질이 유지 가능했고, 5℃는 초기에는 품질 변이가 덜 하였으나 12주 이후 내부 갈변도 및 부패 증가함

☞ 마 적정 저장조건: 저장 온도 2℃×습도 70%

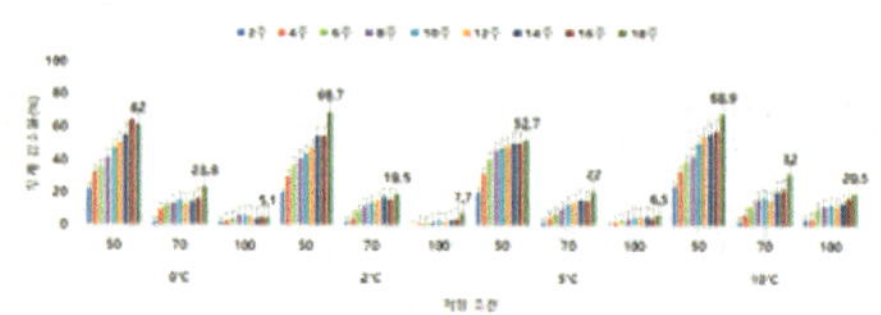
<저장 조건별 마 괴경 감소율>

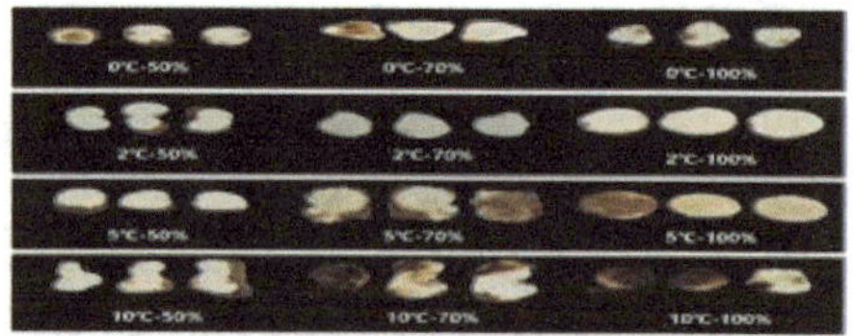

<저장 12주 후 마 단면 모습>

○ 파급효과

- 마 저장 중 감모율 감소, 부패 등 품질 저하 최소화
- 마 장기저장 가능으로 유통기한 연장 및 유통 범위 확대 가능

5. 약용작물

❑ 수확 및 저장

○ 약용작물은 대부분 건조해서 유통 및 저장하는데 약효성분은 수확 후 처리 방법에 따라 품질 차이가 생기므로 주의가 필요함

- 약용작물 세척 시, 청결한 물 사용. 세척 시간이 짧으면 함유 성분 용출 및 변화가 적음
- 질 좋은 건조 약재는 건조기로 약초를 말릴 때, 초종별 건조온도 (50℃ 내외)에 맞춰 생산

○ 수확한 약용작물은 오염에 대한 품질관리 철저

- 수확한 약용작물을 세척·건조 후 유통을 위해 상온 보관하고 있는 생산물이 있다면 반드시 4℃ 이하 저온저장고에 옮겨 유해 곰팡이에 의한 오염을 차단해야 함
- 자연 건조(햇볕, 그늘)의 경우, 건조대 간격을 조절하여 변질 및 미생물, 곰팡이 오염 예방 등 관리 철저
- 약재 저장은 저온, 제습 시설을 갖춘 저장시설 보관으로 변질과 오염 방지

○ 시호는 다년생이나 파종 또는 이식 그해에 수확할 수 있음

- 수확기는 11월 중·하순 얼음이 얼기 전이 적기이며, 수확 전에 줄기를 20㎝ 정도만 남기고 자른 다음 뿌리를 캐내며, 트랙터부착 다목적 수확기로 캐내면 생력 효과가 큼
- 음건하면 건조에 많은 시간이 소요될 뿐 아니라 색택이 나빠 품질이 좋지 않으며, 양건은 건조시간이 현저히 짧아지고 뿌리 색택도 양호함
- 따라서 음건보다는 양건이 유리하며 실제 농가에서도 대부분 양건하고 있음
- 열풍건조기를 이용하여 60℃에서 24시간 건조함으로써 양건에 비하여 건조시간이 58% 단축되고 색택이 양호하며 양건에 비하여 사이코사포닌도 현저히 높아 품질이 양호함

○ 고본 수확은 정식을 한 그해 가을, 줄기와 잎이 누렇게 변한 10월 말에서 11월 초에 하는데 뿌리가 상하지 않도록 수확해서 흙을 털고 지상부를 잘라 버림

- 수확한 뿌리는 물에 깨끗이 씻은 다음 햇볕에 말리는데 비나 이슬을 맞지 않도록 함
- 어느 정도 마르면 뿌리를 곧게 펴고 잔뿌리는 적당한 크기로 묶어 다시 건조기에 넣고 60℃ 이하 온도에서 완전히 건조함

○ 우슬은 늦가을 경엽이 누렇게 시들 때가 수확적기임

- 수확 방법은 경엽을 베어내고 흙을 깊이 판 후 뿌리가 끊어지지 않게 캐내어 흙을 털고 물에 깨끗이 씻어서 햇볕에 말림
- 부러지지 않을 정도로 거의 다 말랐을 때 뿌리를 곧게 펴 끝을 보기 좋게 구부려서 완전히 건조해 다발을 만듦

○ 식방풍은 11월 중순 이후 줄기와 잎이 누렇게 변할 때가 수확적기임

- 수확기에는 쇠스랑이나 삽으로 뿌리가 상하지 않도록 캐내어야 하는데 포크레인을 이용하기도 함
- 수확물은 흙을 털고 밭고랑에 6~7일 건조한 후 물에 깨끗이 닦아서 말림
- 건조기에 건조할 때는 물기를 닦은 후 뿌리를 곧게 펴 모양을 잡은 다음 다발을 만들어 60℃ 이하로 건조하도록 함

○ 백지(구릿대) 수확은 11월 중·하순 땅이 얼기 전에 해야 함

- 수확 방법은 지상부를 베어내고 뿌리가 상하지 않도록 잘 캐서 뿌리 흙을 털고 물에 깨끗이 씻어 햇볕에 말림
- 어느 정도 말라 부드러워지면 손질하여 뿌리를 곧게 펴 잔뿌리를 모아 형태를 잡은 후 크기별로 선별하여 적당한 크기로 묶어 다시 완전히 건조함

○ 천마는 2년 차 가을 (11월~12월)에 수확함

- 가을에 수확하는 천마는 건조 수율이 20~25% 정도로 높으나 봄에 꽃대가 나온 후에 수확하면 건조 수율이 10~15%로 떨어지고 상품성도 낮아짐

❑ '약용작물 안전한 겨울나기' 보온, 수확 관리에 달려

(보도자료: 2024.11.18. 농촌진흥청)

○ 약용작물은 주로 뿌리를 이용하고, 여러 해에 걸쳐 재배하므로 수확량과 품질을 높이려면 겨울 관리가 중요하다. 농촌진흥청이 감초, 더덕 등 추위에 유의해야 할 5종 작물의 겨울나기 관리 요령을 소개했음

- 감초: 감초는 중북부 산간 지역에서 재배할 때, 겨울나기에 특별히 신경 써야 함
  - 감초를 옮겨 심은 뒤에는 수확량을 높이기 위해 싹 나는 부위인 노두를 노출할 때가 많은데, 노두가 밖에 나오면 언 피해가 발생할 수 있음

<감초 노두(동그라미 부위가 노두임)>

  - 부직포, 비닐 등 피복재로 노두를 덮어줘야 함
  - 여러 해에 걸쳐 재배하고 있는 농가는 더 유의해야 하며, 되도록 산간 재배는 피하는 것이 좋음
- 더덕= 더덕은 본밭에 심은 후 2~3년까지 수확할 수 있음
  - 겨울을 날 때 질소질 비료가 많으면 윗부분(지상부)은 번성하지만, 뿌리 조직이 약해질 수 있는데 이는 뿌리썩음병으로 이어질 수 있으므로 주의함
  - 비료는 10a당 퇴비 1,500kg, 질소, 인산, 칼륨은 각각 6kg 정도 주는 것이 알맞음
- 강황: 강황은 캐낸 모종을 바로 본밭에 심어야 뿌리가 안정된 상태로 겨울을 남
  - 이때 흙을 두껍게 덮고 가볍게 눌러주면 서리 피해 예방에 도움됨
  - 늦가을에 수확한 뿌리줄기는 볕이 잘 들고 물 빠짐이 좋은 장소에 저장함

- 겨울나기가 가능한 남부지역에서 2~3월께 수확한 강황은 따로 저장 관리하지 않아도 됨

△석창포= 석창포는 고랭지를 제외한 대부분 지역에서 재배할 수 있지만, 중북부 지역에서는 언 피해를 주의해야 함

- 볏짚이나 낙엽을 5cm 두께로 덮어두면 얼지 않고 수분이 유지됨
  · 덮은 볏짚, 낙엽은 이듬해 4월 초 제거함

<석창포>

△천문동= 천문동은 남부지역에서는 11월 안에 심어야 적당하며, 중북부 지역에서는 언 땅이 녹는 4월께 심는 것이 좋음

- 너무 일찍 심으면 땅속 온도가 낮아 싹 트는 것이 지연되고 늦서리 피해를 볼 수 있음
- 본밭에 아주심기한 뒤 3년 차부터 수확할 수 있음
- 수확 시기는 10월 초부터 다음 해 봄이 오기 전까지임

○ 농촌진흥청 국립원예특작과학원은 "약용작물은 노지에서 겨울을 나는 만큼 보온 관리에 신경 써야 피해를 예방하고 수확량과 품질을 높일 수 있다."라고 강조했음

○ 다양한 약용작물의 재배 관리 정보는 농업과학도서관 누리집(lib.rda.go.kr) '약용작물 GAP 표준재배기술'을 참고하면 됨

6. 느타리버섯

❑ 재배기술

○ 배지 살균 및 후 발효

- 작업 과정 중 살균 및 후 발효는 중요한 작업이므로 원칙대로 실시함
- 스팀 보일러 습열로 2~3시간 가온하게 되면 재배사 내 공기 온도가 60℃ 이상이 됨
- 그러나 배지 내의 온도는 서서히 상승하므로 5~8시간이 지나야만 60~65℃에 도달하고 이때부터 8~12시간을 유지해야 살균이 됨
- 후 발효는 산소를 좋아하는 미생물을 배양하는 과정이며, 따라서 환기하면서 온도를 유지해야 함
- 이후에는 배지 온도를 50~55℃ 사이로 조절하고, 2~3일간 유지하면서 고온성 미생물이 형성되도록 함
- 후 발효 시 적당량의 산소 공급이 필요하므로 환기가 되어야 함
- 잘된 배지는 첫째, 솜에 악취가 없고 부드러우며, 둘째는 수분이 적당하여 손으로 만지면 부드러운 촉감이 있고, 셋째는 백색 또는 회색을 띤 고온성 균총이 번식된 부분이 많아야 함

○ 종균 접종

- 냉각되지 않은 배지는 잔존 열기로 인해 접종된 종균이 스트레스를 받아 균사 세력이 약화하므로 겨울철이라도 접종 전 냉각이 필요함
- 배지 온도는 반드시 25℃ 내외로 냉각시켜 3.3㎡당 10~15병의 종균을 접종하도록 함

○ 환기 관리

- 저온기 적정한 환기 관리는 버섯의 품질을 좌우하므로 일시적인 강세 환기보나는 소량씩 지속석 환기
- 외부 공기가 차가우므로 유리수가 발생해 세균성갈반병이 발생하기 쉬우므로 환기 시 주의해야 함

- 오전에 대기 중 수분 증발이 빠르게 이루어지는 시간이나, 습도가 낮은 시간대에 환기량을 줄이면서 습도 유지

❏ 버섯 활용한 고기 대체식품 실용화 시동

(보도자료: 2025.6.17. 농촌진흥청)

○ 농촌진흥청은 우리나라 버섯의 산업적 활용도를 높이기 위해 고기 대체식품 소재화 연구를 본격 추진 중이라고 밝혔음

○ 국립원예특작과학원은 식이섬유와 단백질 함량 등을 바탕으로 대체식품 소재 가능성이 높은 버섯 품종을 선발하고 있음

- 이들 품종을 활용한 대체식품 개발을 위해 첨단 식품 기술 전문기업 '위미트'와 협력 중임

○ 큰느타리와 느타리버섯, 만가닥버섯, 꽃송이버섯 등 다양한 국산 버섯 원료의 다양성과 대체식품 소재의 활용 범위를 확대하는 데 중점을 두고 협력 연구를 수행하고 있음

○ 이와 관련해 국립원예특작과학원은 2025년 6월 17일 산업체(위미트)를 방문해 생산과 가공 현장을 둘러보고, 기술 적용 가능성과 앞으로의 협력 방향에 대해 의견을 나눴음

○ 농촌진흥청 국립원예특작과학원은 "대체식품 소재로써 국산 버섯의 산업 활용 가능성을 면밀하게 검증하겠다."라며, "이를 토대로 버섯 산업과 식품 산업이 상생할 수 있는 연구 협력을 확대해 나갈 계획이다."라고 밝혔음

Ⅴ. 주요 원예 · 특용작물 경영정보

1. 단 감

❑ 수급 동향 (자료: 한국농촌경제연구원, 농업전망 2025)

○ 생산동향

- 단감 재배면적은 농가 고령화 및 노동력 부족과 소비 감소에 따른 가격 하락으로 2010년 1만 5,244ha에서 2020년 8,404ha로 감소하였으나, 신품종 '태추' 등 신규 식재로 9천 ha 내외 수준을 유지하고 있음
- 단감 생산량은 재배면적 감소에도 불구하고 단수 증가에 따라 2014년 17만 5천 톤까지 증가하였으나, 이후 작황 부진 등으로 2020년까지 8만 9천 톤으로 감소하였음
- 2020년부터 2023년까지는 9만 톤 내외 수준을 유지하고 있음

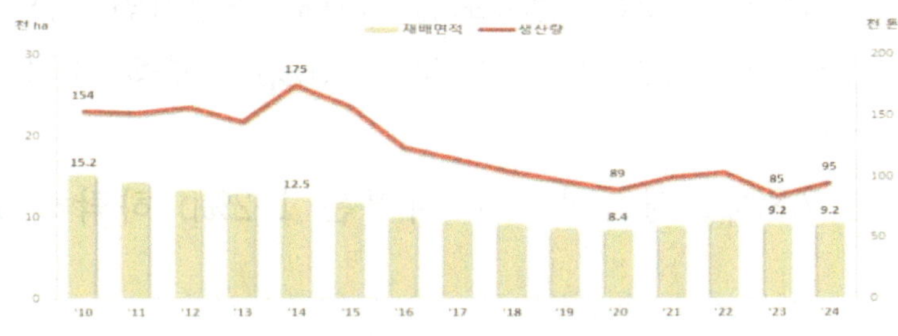

<단감 재배면적과 생산량 추이>

주: 2024년 생산량은 농업관측센터 추정치
자료: 통계청, 「농작물생산조사」, 「농업면적조사」, 농업관측센터

- 2024년 단감 재배면적은 전년(2023년)과 비슷한 9,227ha임
  · 유목 면적은 '태추', '감풍' 등 신규 식재 및 품종 갱신으로 전년 대비 13.2% 증가한 1,129ha이었음
  · 성목 면적은 농가 고령화, 급경사 산간지 폐원, 품종 갱신 등으로 전년 대비 1.3% 감소한 8,098ha이었음
- 2024년 단감 생산량은 전년 대비 12.2% 증가한 9만 5천 톤 내외로 추정되며. 탄저병 우려에 따른 적과량 감소로 과비대가 부진하였고, 여름철 폭염으로 생리장해(일소 등)가 일부 발생하였음

· 하지만 개화기 저온 피해가 컸던 전년 대비 개화 상태가 양호하여 착과수가 증가하였고, 적기 방제 및 방제 횟수 증가로 병해충 발생이 감소하는 등 생육이 전반적으로 양호하여 단수가 전년 대비 증가하였음

〈단감 재배면적과 단수 동향〉

(단위: 천 ha, kg/10a, 천 톤)

구분	2010	2015	2019	2020	2021	2022	2023	2024
재배면적	15.2	11.8	8.6	8.4	8.9	9.5	9.2	9.2
성목면적	13.4	10.6	7.8	7.6	8.2	8.5	8.2	8.1
유목면적	1.8	1.2	0.8	0.8	0.7	1.0	1.0	1.1
성목단수	1,144	1,480	1,223	1,174	1,217	1,222	1,030	1,171
생산량	154	158	96	89	100	104	85	95

주: 2024년 생산량과 성목단수는 농업관측센터 추정치
자료: 통계청, 「농작물생산조사」, 「농업면적조사」, 농업관측센터

- 지역별 재배면적 비중을 살펴보면, 최대 주산지인 경남지역 비중이 2018년 59.5%에서 2024년 70.0%로 10.5%p 상승하여 산지 집중화가 심화되고 있음

· 전남지역은 7.8%p, 경북과 기타지역은 1~2%p 하락하였음

(단위: %)

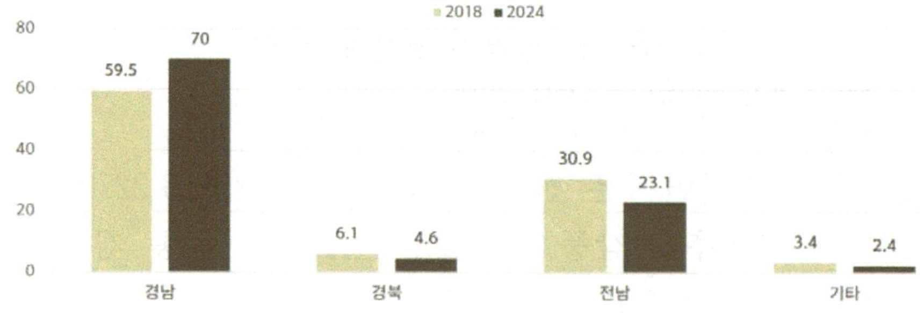

〈단감 지역별 재배면적 비중 변화〉

자료: 통계청, 「농업면적조사」

- 품종별 재배면적 비중은 '부유'가 2018년 80.8%에서 2024년 77.9%로 2.9%p 하락하였고, '차랑'과 '서촌조생'은 각각 0.7%p, 0.8%p 하락하였음

- '태추'와 기타('감풍' 등) 품종의 재배면적 비중은 신규 식재 및 고접 갱신으로 2~3%p 상승하였음

<단감 품종별 재배면적 비중 추이>

(단위: %)

구분	부유	차랑	서촌조생	태추	기타
2018	80.8	7.7	3.3	2.8	5.4
2021	80.8	7.3	2.9	3.3	5.7
2024	77.9	7.0	2.5	4.7	7.9

주: 기타에는 감풍, 상서, 송본 등이 포함
자료: 농업관측센터 추정치

○ 출하 및 가격 동향

- 2024년산(9~12월) 단감 반입량은 전년(2023년) 대비 37.1% 증가한 1만 3천 톤이었음
  - 여름철 고온이 지속되면서 수확이 지연되어 9~10월 반입량은 전년 대비 7.7% 감소하였으나, 11~12월 반입량은 전년 대비 73.5% 증가하였음
  - 단감의 9~10월 가격은 반입량 감소에도 불구하고 품위 저하로 전년(3,503원) 대비 1.8% 하락한 3,440원/kg이었고, 11~12월 가격은 반입량 증가로 전년(3,405원) 대비 44.2% 하락한 1,900원/kg이었음

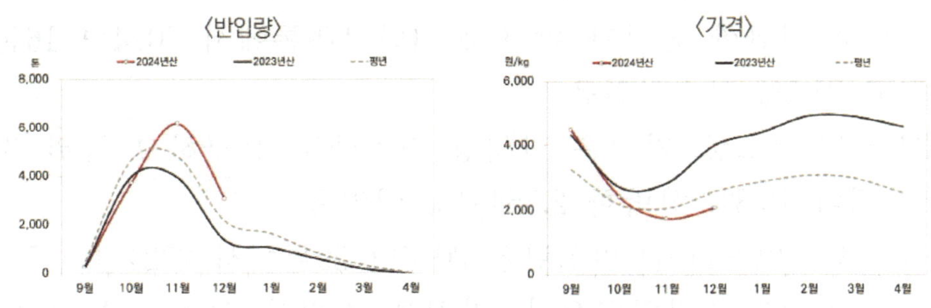

<단감 반입량 및 가격 추이>

주: 가격은 평균단가(거래금액/거래물량)이며, 월별 생산자물가지수(2020=100)로 실질화
자료: 서울특별시농수산식품공사(가락시장), 한국은행, 「생산자물가조사」

- ‘부유’ 수확기(10~11월) 반입량은 2014년부터 2024년까지 연평균 2.4% 감소하였으나, 가격은 연평균 3.9% 상승하였음
- 다만, 2024년 ‘부유’ 수확기 반입량은 작황이 부진했던 전년 대비 17.5% 증가한 4,359톤이었고 가격은 32.3% 하락한 1,882원/kg이었음

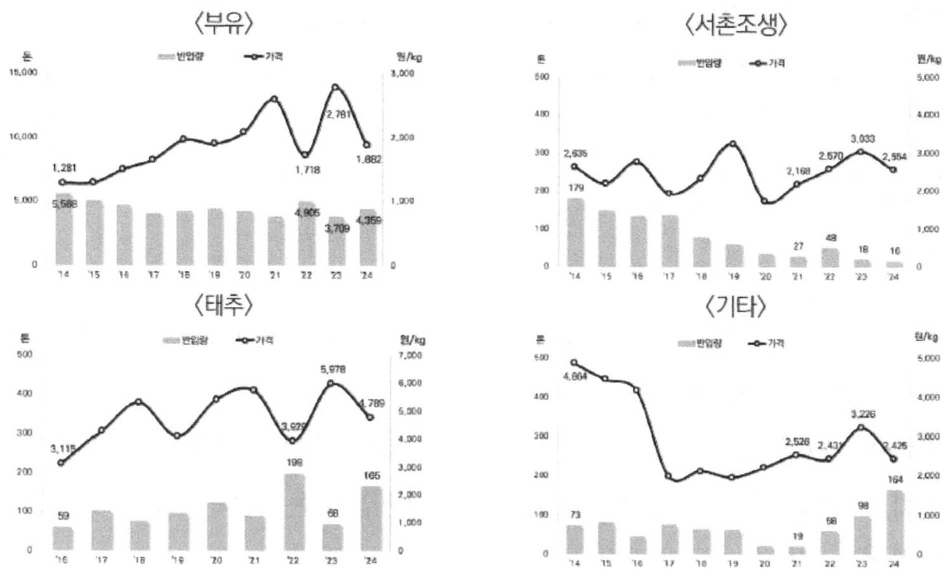

<단감 품종별 반입량 및 가격 추이>

주: 기타에는 감풍, 원추, 조추 등 포함
자료: 가락시장 청과법인(서울청과, 중앙청과) 내부자료, 한국은행, 「생산자물가조사」

- ‘서촌조생’ 출하기(9~10월) 반입량은 수익성 저하로 태추 등 타 품종으로 전환한 농가가 많아 2014년 179톤에서 2024년 16톤으로 연평균 21.5% 감소하였음
- 2024년 ‘서촌조생’ 가격은 반입량 감소에도 불구하고 품위 저하로 전년 대비 15.8% 하락한 2,554원/kg이었음
- ‘태추’ 출하기(9~11월) 반입량은 2016년 59톤에서 2024년 165톤으로 연평균 13.7% 증가하였으나, 가격은 소비자 선호가 높아 연평균 5.5% 상승하였음
- · 2024년 ‘태추’ 반입량은 면적 증가 및 작황 호조로 전년 대비 큰폭으로 증가하였고, 가격은 19.9% 하락한 4,789원/kg이었음

- 기타 품종('감풍', '원추', '조추' 등) 출하기(9~11월) 반입량은 국내 육성 품종 보급 사업으로 재배면적이 늘어 2021년 이후 증가 추세임

· 2024년 기타 품종 반입량은 전년 대비 68.0% 증가한 164톤이었고, 가격은 24.8% 하락한 2,425원/kg이었음

○ 수출 동향

- 단감 수출량은 2009년산이 1만 톤으로 역대 최고치를 기록한 이후 감소하는 추세임

· 특히, 2023년산 수출량은 작황 부진으로 내수 가격이 높게 형성되어 역대 최저치인 1,157톤을 기록하였음

- 2024년산(9~12월) 단감 수출량은 생산량이 늘어 전년 동기(1,155톤) 대비 165.8% 증가한 3,069톤이었음

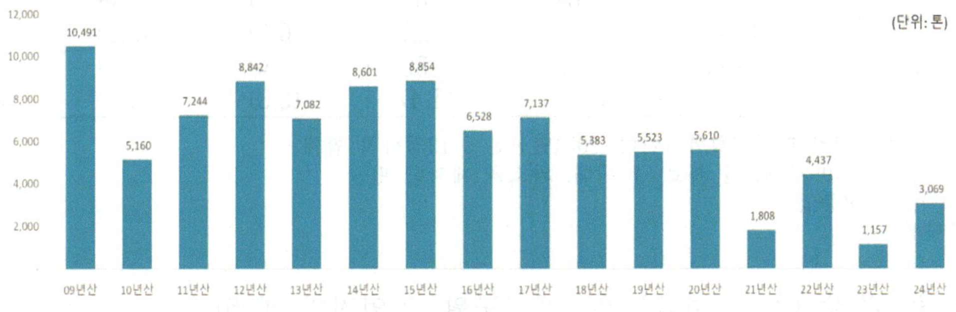

〈단감 수출량 추이〉

주: 수출량은 9월~익년 8월까지이며, 2024년산은 9~12월까지 합계
자료: 관세청

- 국가별로 살펴보면, 단감 최대 수출 대상국은 말레이시아로 평년 기준 전체 수출량의 34.6%를 차지하고 있음

- 다음으로는 필리핀이 22.2%를 차지하고 있으며, 다음은 싱가포르, 홍콩, 캐나다 순으로 나타났음

· 필리핀은 과거 수출 비중이 적었으나, 지방자치단체 지원, 해외 마케팅 강화, 품질 관리 등의 노력으로 수출 비중이 확대(2010년산 4.5% → 2024년산 29.1%) 되고 있음

<단감 국가별 수출량 및 수출 비중>

(단위: 톤, %)

구분	2010년산	2015년산	2020년산	2023년산	2024년산	평년
전 체	6,160	8,854	5,610	1,157	3,069	3,730
말레이시아	3,233 (52.5)	3,294 (37.2)	2,253 (40.1)	163 (14.1)	878 (28.6)	1,289 (34.6)
필리핀	277 (4.5)	993 (11.2)	1,063 (19.0)	443 (38.3)	894 (29.1)	829 (22.2)
싱가포르	878 (14.3)	1,465 (16.5)	684 (12.2)	161 (13.9)	291 (9.5)	506 (13.6)
홍콩	442 (7.2)	1,158 (13.1)	596 (10.6)	87 (7.6)	279 (9.1)	409 (11.0)
캐나다	584 (9.5)	738 (8.3)	245 (4.4)	148 (12.8)	357 (11.6)	212 (5.7)
베트남	351 (5.7)	293 (3.3)	329 (5.9)	68 (5.9)	114 (3.7)	187 (5.0)
태국	218 (3.5)	650 (7.3)	293 (5.2)	39 (3.4)	86 (2.8)	187 (5.0)
인도네시아	41 (0.7)	68 (0.8)	67 (1.2)	9 (0.7)	96 (3.1)	57 (1.4)
기타	136 (2.2)	195 (2.2)	80 (1.4)	38 (3.3)	73 (2.4)	57 (1.5)

주 1) 수출량은 9월~익년 8월까지이며, 2024년산은 9~12월까지 합계
2) 평년은 2019~2023년산 자료 중 최대, 최소를 제외한 평균
3) ( )값은 비중임

자료: 관세청

❑ 수급 전망 (자료: 한국농촌경제연구원, 농업전망 2025)

○ 2025년 생산 전망

- 2025년 설 성수기(설 전 3주간, 1.8~28.) 및 2월 이후 단감 출하량은 생산량 증가와 수확기 가격 하락에 따른 저장량 증가로 전년(2024년) 대비 각각 12.0%, 10.6% 증가할 것으로 전망됨
  · 과비대가 부진하여 대과 비중은 전년 대비 감소할 것으로 전망되며, 전반적인 품질은 전년 대비 양호하나, 평년보다는 부진할 것으로 전망됨
- 2025년 단감 재배면적은 전년(2024년) 대비 1.7% 감소한 9,070ha로 전망됨

· 유목 면적은 태추, 감풍, 상서 등 신규 식재 및 품종 전환이 늘어 전년 대비 2.6% 증가할 것으로 예측됨

· 성목 면적은 농가 고령화, 산간지 위주 폐원, 고목화로 인한 경제성 악화 등으로 전년 대비 2.3% 감소할 것으로 예측됨

<2025년 단감 재배면적 전망>

(단위: ha, %)

구분	유목면적	성목면적	전체
2025	1,158	7,912	9,070
2024	1,129	8,098	9,227
증감률	2.6	-2.3	-1.7

자료: 통계청, 「농업면적조사」, 농업관측센터 표본농가 및 모니터 조사 결과

- 품종별로 '부유' 재배면적은 농가 고령화와 가격 하락 등으로 전년 대비 2.4% 감소할 것으로 전망됨
- 수익성이 낮은 '차랑'과 '서촌조생'은 '태추' 등으로의 품종 전환으로 전년 대비 0.9~1.5% 감소할 것으로 예측됨
- 반면, '태추' 및 기타 품종('감풍' 등)은 농가 선호가 높아 고접갱신 및 신규 식재가 증가하여 전년 대비 2.4~2.7% 증가할 것으로 예측됨

<2025년 단감 품종별 재배면적 증감률 전망 (전년 대비)>

(단위: %)

부유	차랑	서촌조생	태추	기타
-2.4	-1.5	-0.9	2.4	2.7

자료: 농업관측센터 표본농가 및 모니터 조사 결과

- 지역별로 최대 주산지인 경남지역 재배면적은 전년 대비 1.7% 감소, 경북과 전남지역은 각각 1.7%, 2.4% 감소할 것으로 전망됨

<2025년 단감 지역별 재배면적 전망>

(단위: ha, %)

구분	경남	경북	전남	기타	전체
2025	6345	2091	410	224	9070
2024	6455	2128	420	224	9227
증감률	-1.7	-1.7	-2.4	-0.0	-1.7

자료: 통계청, 「농업면적조사」, 농업관측센터 표본농가 및 모니터 조사 결과

○ 중장기 전망

- 단감 재배면적은 2025년 9,100ha에서 2034년 8,100ha 내외로 감소할 것으로 전망됨
  · 성목 면적은 산간지 위주 폐원, 기후 변화 등으로 2034년까지 연평균 1.3% 감소할 것으로 전망됨
  · 유목 면적은 신규 식재, 품종 갱신 등으로 2028년까지는 증가하나, 이후 신규 과원 형성이 줄면서 2034년 1,100ha 수준으로 감소할 것으로 전망됨
- 2025년 단감 생산량은 2025년 9만 3천 톤에서 2034년 8만 6천 톤 내외로 감소할 것으로 전망됨
  · 재배면적 감소에도 불구하고 단수 증가로 생산량 감소폭은 제한적일 것으로 예측되나, 기상여건 등에 따라 생산량은 변동될 가능성이 있음
  · 수출량은 수출 확대 노력 등으로 2034년 4,400톤까지 증가할 전망임
- 1인당 연간 소비량은 2034년 1.6kg 수준까지 감소할 것으로 전망됨

<단감 수급 전망>

구분	단위	2024	전망		
			2025	2029	2034
재배면적	천 ha	9.2	9.1	8.6	8.1
성목면적	천 ha	8.1	7.9	7.4	7.0
유목면적	천 ha	1.41	1.2	1.2	1.1
생산량	천 톤	95	93	89	86
수출량	천 톤	2.6	2.9	3.4	4.4
1인당 소비량	kg	1.8	1.8	1.7	1.6

주: 2024년 생산량은 농업관측센터 추정치
자료: 통계청, 「농작물생산조사」, 「농업면적조사」,
한국농촌경제연구원 KASMO(Korea Agricultural Simulation Model)

❑ 단감(10a당 수익성) (자료: 2023년 농촌진흥청 농산물 소득자료집)

○ 2023년도 단감 10a당 총수입은 4,137,075원으로 전년 대비 10.1% 증가

- 수량은 13.1% 감소했으나 가격이 26.7% 상승하여 총수입이 증가함

○ 10a당 경영비는 2,029,527원으로 전년 대비 13.1% 증가

○ 10a당 소득은 2,107,548원으로 전년 대비 7.3% 증가

- 총수입 증가액이 경영비 증가액보다 많아 소득이 증가함

<연도별 10a당 수익성>

연도	2019 (A)	2020 (B)	2021 (C)	2022 (D)	2023 (E)	대비(%)			
						E/A	E/B	E/C	E/D
총수입(원)	2,978,802	3,170,487	3,333,567	3,759,122	4,137,075	139	130	124	110
수량(kg/10a)	1,624	1,419	1,331	1,628	1,414	87	99	106	87
단가(원/kg)	1,833	2,234	2,505	2,310	2,926	160	131	117	127
경영비(원)	1,499,211	1,538,033	1,470,540	1,794,836	2,029,527	135	132	138	113
생산비(원)	3,041,540	3,346,240	3,139,148	3,592,922	4,282,723	141	128	136	119
소 득(원)	1,479,591	1,632,455	1,863,027	1,964,286	2,107,548	142	129	113	107
순수익(원)	-62,738	-175,753	194,419	166,200	-145,648	-	-	-	-

○ 2022년 단감 10a당 주요 생산비 비중은 노동비(60.7%), 감가상각비(9.0%), 용역비(6.7%), 기타재료비(6.3%) 등 순이며, 상위 4개 요소가 생산비의 82.7%를 차지함

<10a당 생산 요소별 생산비>

(단위: 원, %)

연도	조성비	비료비	농약비	수도 광열비	기타 재료비	감가 상각비	임차료	노동비	용역비	기타	계
2023 (A)	86,377	177,616	197,004	78,742	268,130	384,003	96,116	2,599,074	286,754	108,907	4,282,723
	(2.0)	(4.2)	(4.6)	(1.8)	(6.3)	(9.0)	(2.2)	(60.7)	(6.7)	(2.5)	(100.0)
2022 (B)	87,247	163,543	150,773	92,832	279,431	301,698	79,206	2,104,807	285,798	47,587	3,592,922
	(2.4)	(4.6)	(4.2)	(2.6)	(7.8)	(8.4)	(2.2)	(58.6)	(7.9)	(1.3)	(100.0)
증감 (A-B,%p)	-0.4	-0.4	0.4	0.8	-1.5	0.6	-	2.1	-1.2	1.2	-

2. 주요작물 가격동향

기준일 2025. 10. 15.

❑ 가격 변동폭이 큰 품목 (전주·전월·전년 대비)

가격 상승 품목	가격 하락 품목
양파, 배	양송이버섯, 백합

❑ 농산물 도매가격 동향 (증감률 110 이상, 90 이하)

구분	품목	기준단위	당일	전주	증감률	전월	증감률	전년	증감률	평년	비고
채소	배추	1포기	6,422			6,481	99	8,877	72	6,773	전체
	무	1개	2,419			2,059	117	3,596	67	3,104	
	양파	1kg	2,333			2,013	116	2,128	110	2,249	
	파	1kg	3,337			3,085	108	3,428	97	3,536	대파
	시금치	1kg	17,680			29,130	61	18,300	97	11,370	
	상추	1kg	18,550			17,310	107	25,040	74	12,490	적
	깻잎	1kg	33,050			32,460	102	37,340	89	25,460	
	호박	1개	1,872			1,542	121	2,273	82	1,516	조선애
	오이	10개	12,958			13,776	94	16,219	80	11,727	가시계통
	풋고추	1kg	21,600			17,420	124	20,270	107	14,850	
	청양고추	1kg	13,940			11,610	120	14,540	96	12,510	
	건고추	1kg	27,690			28,390	98	30,610	90	29,280	화건
	피망	1kg	14,830			12,600	118	17,360	85	12,890	
	파프리카	1kg	10,580			9,970	106	12,070	88	10,330	
	토마토	1kg	6,909			7,157	97	13,255	52	9,430	
	방울토마토	1kg	10,723			11,646	92	14,417	74	11,105	대추형
	멜론	1개	10,738			10,125	106	10,033	107	10,211	
	수박	1개				31,124		26,294		21,315	

구분	세부	품목	기준 단위	당일	전주	증감률	전월	증감률	전년	증감률	평년	비고
과수		바나나	1kg	3,350			3,100	108	3,090	108	3,140	
		사과	10개	27,826			26,125	107	23,074	121	26,447	홍로
		배	10개	32,960			24,666	134	28,417	116	30,609	신고
특작	버섯	느타리	2kg	20,720			19,620	106	20,580	101	20,940	
		새송이	2kg	12,520			11,060	113	12,260	102	11,820	
		팽이	1.5kg	5,940			5,240	113	5,870	101	5,850	
		표고	2kg	16,798			20,126	83	15,156	111		생
		양송이	2kg	22,012			31,442	70	36,044	61		
		수삼	10뿌리	33,000	33,000	100	31,000	106	29,000	114		
		6년근직삼	15편	51,600	51,600	100	51,600	100	49,200	105		
화훼		장미	1단	4,584			4,422	104	2,820	163		비탈
		백합	1단	6,843			7,602	90	16,525	41		시베리아
		호접란	1단	6,462			5,312	122				만천홍1.5대

* 자료: aTKamis, aT화훼공판장(장미, 백합, 호접란), 금산군청(수삼, 6년근직삼), 서울특별시농수산식품공사(표고, 양송이)

* 수삼, 6년근직삼: 당일 2025/10/12, 전주 2025/10/7, 전월 2025/9/12, 전년 2024/10/12 기준으로 함

* 호접란: 당일 2025/10/13, 전주 2025/10/6, 전월 2024/9/15, 전년 2024/10/14 기준으로 함

* 전주(추석연휴) 제외. 전월, 전년 비교 당일 상승, 하락 품목 지정

편 집 인 : 기술지원과장 이남수
편집기획 : 최상호, 김다인, 성진경, 김성규, 유군선, 박정운,
이동훈, 정홍인, 이승호, 김소희, 신동윤, 나예림,
유홍규, 장상현, 지수정

(연구결과 활용을 위한)
원예 · 특용작물 기술정보 (14)

초판 인쇄 2026년 03월 03일
초판 발행 2026년 03월 06일

저 자 농촌진흥청 국립원예특작과학원
발행인 김갑용

발행처 진한엠앤비
주소 서울시 서대문구 독립문로 14길 66 205호(냉천동 260)
전화 02) 364 - 8491(대) / 팩스 02) 319 - 3537
홈페이지주소 http://www.jinhanbook.co.kr
등록번호 제25100-2016-000019호 (등록일자 : 1993년 05월 25일)

ISBN 979-11-290-6324-3 (93520) [정가 14,000원]